相平衡の熱力学

—熱力学体系の理解のために—

工学博士 梶原 正憲 著

コロナ社

まえがき

　科学は，再現性の高い観察実験によって得られた信頼できる経験的知見に基づき，当該の現象を支配する法則を見つけ出す学問である。この手法の最高の成功例が，自然科学である。自然科学を構成する熱力学は，巨視的な平衡状態を対象としている。これに対し，統計力学は，微視的な物理状態の集合を対象としている。巨視的な平衡状態は，熱力学の第一法則と第二法則に支配されて決まる。第一法則は，熱，仕事および内部エネルギーの定量的な関係を表すエネルギー保存則である。一方，第二法則は，熱，温度およびエントロピーの関係を介して反応の非対称性を表すエントロピー非保存則である。第一法則と第二法則によると，平衡状態の物体は，内部エネルギーが最小となり，エントロピーが最大となる。平衡状態を規定するこれらの関係は，エネルギー最小則およびエントロピー最大則と呼ばれる。

　第一法則と可逆過程に対する第二法則を結合すると，内部エネルギーやエントロピーに対する数学的な解析が可能になる。この解析によると，内部エネルギーやエントロピーは，示量変数を固有な独立変数とする基本関係式であることが知られる。これらの基本関係式に対し，任意の示量変数を共役な示強変数に置き換えるルジャンドル変換を行うと，固有な独立変数の異なる有用な基本関係式を導出することができる。特に，内部エネルギーに対するルジャンドル変換によって得られる Helmholtz エネルギーやグランドポテンシャルは，上記のエントロピーと同様に，熱力学と統計力学の橋渡しの役割を担う重要な基本関係式である。また，Gibbs エネルギーは，実験科学との整合性の高い基本関係式である。一方，これらのエネルギー系基本関係式の固有な独立変数をすべて一定に保つと，平衡状態において広義のエネルギー最小則が成立する。

　ルジャンドル変換された種々の基本関係式に対し，可逆過程における第一法則と第二法則の結合形を適用すると，異なる熱力学量の間の等価性を表すマク

スウェルの関係式を求めることができる。また，ヤコビアンによる変換法を活用すると，測定可能な物性値を用いて任意の熱力学量を記述することができる。このような変換法は，熱力学や統計力学の理論と実験を結び付ける関係式を得るための有用な数学的技法である。

　このように，熱力学は，巨視的な平衡状態を対象とする体系的な学問である。本書は，平衡状態として物体の相平衡に注目し，熱力学の体系をわかりやすく説明した入門書である。熱力学の体系を理解するためには，上述のように，ある程度の数学の素養が必要である。しかし，本書の理解には，偏微分と行列式に関する基礎的な知識があれば十分である。特に，数式の導出過程は，可能なかぎり詳細に記述している。また，いくつかの節の最後に，簡単な演習を設定している（解答は特に用意していない）。この演習を解くことにより，当該の節の内容に対する理解がさらに深まるものと期待される。本書が，熱力学の体系に対する理解の一助となれば幸いである。

　2021 年 5 月

梶原　正憲

目　　　次

1.　熱力学の法則と基本関係式

2.　さまざまな束縛条件に対する平衡状態

3.　基本関係式とルジャンドル変換

4. 極値原理と可逆仕事

5. 熱力学関係式の導出

6. 平衡状態図と熱力学関係式

7.　多成分系の相平衡

8.　溶体の熱力学モデル

9.　析　出　反　応

10.　電気的エネルギー

11.　磁気的エネルギー

熱力学の法則と基本関係式

1.1 第 一 法 則

　熱力学の第一法則は，エネルギーの保存に関する定量的な関係を数学的に表現したものである。いま，外界より物体に流れ込んだ熱（heat）を ΔQ とし，物体が外界に対して行った仕事（work）を ΔW とすると，物体の**内部エネルギー**（internal energy）の変化 ΔE は次式のように求めることができる。

$$\Delta E = \Delta Q - \Delta W \tag{1.1}$$

　式 (1.1) は，**エネルギー保存則**（conservation law of energy）を表しており，熱力学の**第一法則**（first law）という。書籍によっては，式 (1.1) の右辺第二項の符号を正にとり，$\Delta E = \Delta Q + \Delta W$ とする記述法も認められる。これらのいずれの方法においても，最終的に得られるエネルギー関数の数学表現は同一である。しかし，エネルギー保存則の物理的な意味を直感的に理解するためには，上記の右辺第二項の符号を負にとるほうが自然である。このため，本書では，熱力学の第一法則として，式 (1.1) の記述法を採用することにする。式 (1.1) では，物体が外界から熱を吸収すると ΔQ の値は正となり，物体が外界に対して仕事を行うと ΔW の値は正となる。

　ところで，**圧力**（pressure）P の外界と接する物体の**体積**（volume）V が ΔV だけ変化した際の純粋な機械的仕事 ΔW は，次式のように表される。

$$\Delta W = P\Delta V \tag{1.2}$$

有限の圧力では，P の値は正である。このため，式 (1.2) の機械的仕事 ΔW の

符号は，ΔV の符号に一致する。また，ΔV の符号は，体積 V が増加すると正になり，体積 V が減少すると負になる。すなわち，ΔW の符号は，V が増加すると正となり，V が減少すると負となる。式 (1.2) を式 (1.1) に代入すると，次式が得られる。

$$\Delta E = \Delta Q - P\Delta V \tag{1.3}$$

式 (1.3) の右辺に現れる変数 ΔQ，ΔV および P は，測定可能な物理量である。熱力学の第一法則は，これら三つの測定可能な物理量から内部エネルギーの変化 ΔE の値が評価できることを示している。

1.2 第 二 法 則

熱力学の**第二法則**（second law）は，反応の不可逆性（非可逆性，時間の非対称性，などという場合もある）を表したものである。**温度**（temperature）T の物体に外界より ΔQ の熱が流れ込む際の物体の**エントロピー**（entropy）S の変化を ΔS とすると，反応が**可逆過程**（reversible process）であるか**不可逆過程**（irreversible process）であるかに依存して，次式の関係が成立する。

$$\Delta S = \frac{\Delta Q}{T} \quad \text{（可逆過程）} \tag{1.4a}$$

$$\Delta S > \frac{\Delta Q}{T} \quad \text{（不可逆過程）} \tag{1.4b}$$

すなわち，物体のエントロピー S の変化 ΔS は，可逆過程では $\Delta Q/T$ に等しいが，不可逆過程では $\Delta Q/T$ よりも大きくなる。このような関係は，物体と外界の間で熱の出入りのない状況（$\Delta Q = 0$）を考えると理解しやすい。すなわち，式 (1.4a) および式 (1.4b) に $\Delta Q = 0$ を代入すると，次式が得られる。

$$\Delta S = 0 \quad \text{（可逆過程）} \tag{1.5a}$$

$$\Delta S > 0 \quad \text{（不可逆過程）} \tag{1.5b}$$

式 (1.5a) および式 (1.5b) によると，物体のエントロピー S は，自発的に進行する不可逆過程では増加するが，可逆過程では変化しない。このようなエン

トロピー S の性質は，不可逆過程および可逆過程の定義として用いることができる。すなわち，物体と外界の間で熱の出入りのない状況では，エントロピー S が最大値に達するまで物体の状態が自発的に変化し，$\Delta S = 0$ になると変化は停止する。これが，いわゆるエントロピー最大則である。しかし，エントロピー最大則の意味を厳密に理解するためには，以下で述べるように，第一法則と第二法則の結合形に対する検討が必要である。

1.3　第一法則と第二法則の結合形

式 (1.4a) および式 (1.4b) は，次式のように変形することができる。

$$\Delta Q = T\Delta S \quad \text{（可逆過程）} \tag{1.6a}$$

$$\Delta Q < T\Delta S \quad \text{（不可逆過程）} \tag{1.6b}$$

また，式 (1.6a) および式 (1.6b) を式 (1.3) に代入すると，以下の関係式が得られる。

$$\Delta E = T\Delta S - P\Delta V \quad \text{（可逆過程）} \tag{1.7a}$$

$$\Delta E < T\Delta S - P\Delta V \quad \text{（不可逆過程）} \tag{1.7b}$$

式 (1.7a) および式 (1.7b) は，それぞれ可逆過程および不可逆過程に対する**第一法則と第二法則の結合形**である。物体のエントロピー S と体積 V が変化しない状況（$\Delta S = 0$ および $\Delta V = 0$）では，$T\Delta S = 0$ および $P\Delta V = 0$ となる。これらの値を式 (1.7a) および式 (1.7b) の右辺に代入すると，次式が得られる。

$$\Delta E = 0 \quad \text{（可逆過程）} \tag{1.8a}$$

$$\Delta E < 0 \quad \text{（不可逆過程）} \tag{1.8b}$$

式 (1.6a) から知られるように，エントロピー S が変化しない状況（$\Delta S = 0$）は，物体と外界の間で熱の出入りがないことを意味している。一方，体積 V が変化しない状況（$\Delta V = 0$）は自明である。式 (1.8a) および式 (1.8b) は，このような状況において，物体の内部エネルギー E は，可逆過程の反応では変化しないが，自発的に進行する不可逆過程の反応では減少することを示している。すなわち，物体の内部エネルギー E は，最終的な安定状態すなわち**平**

衡状態（equilibrium state）において最小値に達する。これが，エントロピー S および体積 V が一定の状況における**熱力学平衡条件**である。

ところで，エントロピー変化 ΔS および体積変化 ΔV の絶対値が非常に小さい場合には，Δ 記号を微分演算子 d に置き換えることができる。その結果，式 (1.7a) および式 (1.7b) は，次式のように書き換えられる。

$$\mathrm{d}E = T\mathrm{d}S - P\mathrm{d}V \qquad \text{（可逆過程）} \tag{1.9a}$$

$$\mathrm{d}E < T\mathrm{d}S - P\mathrm{d}V \qquad \text{（不可逆過程）} \tag{1.9b}$$

式 (1.9a) および式 (1.9b) を用いると，第一法則と第二法則の結合形に対する数学的な理解が容易になる。そこで，以下では，式 (1.7a) および式 (1.7b) の代わりに，式 (1.9a) および式 (1.9b) を用いることにする。式 (1.9a) および式 (1.9b) に $\mathrm{d}S = 0$ および $\mathrm{d}V = 0$ を代入すると，次式が得られる。

$$\mathrm{d}E = 0 \qquad \text{（可逆過程）} \tag{1.10a}$$

$$\mathrm{d}E < 0 \qquad \text{（不可逆過程）} \tag{1.10b}$$

式 (1.10a) および式 (1.10b) によると，物体のエントロピー S と体積 V が変化しない状況（$\mathrm{d}S = 0$ および $\mathrm{d}V = 0$）では，平衡状態において内部エネルギー E の値が最小になる。すなわち，$\mathrm{d}S = 0$ および $\mathrm{d}V = 0$ の状況に対する物体の平衡状態は，数学的に $\mathrm{d}E = 0$ および $\mathrm{d}^2E > 0$ と記述される。**図 1.1** は，

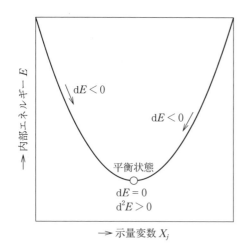

図 1.1 内部エネルギー最小則による平衡状態

このような平衡状態と式 (1.10a) および式 (1.10b) の関係を模式的に表している。ここで，図の縦軸は内部エネルギー E を示し，横軸は示量変数 X_j を示している。また，縦軸および横軸の矢印の向きは，それぞれ内部エネルギー E および示量変数 X_j の正方向を表している。なお，示量変数 X_j の意味については，後ほど，詳細に説明する。ここでは，X_j は物体の内部状態を表す反応率と見なすことにする。図において，反応率 X_j が白丸印の値になると内部エネルギー E は最小値に達し，物体の平衡状態が実現される。エントロピーと体積が一定の物体の平衡状態に対するこのような関係を**内部エネルギー最小則**という。

　一方，エントロピー S に注目して式 (1.9a) および式 (1.9b) を書き換えると，次式が得られる。

$$dS = \frac{1}{T}dE + \frac{P}{T}dV \quad \text{（可逆過程）} \tag{1.11a}$$

$$dS > \frac{1}{T}dE + \frac{P}{T}dV \quad \text{（不可逆過程）} \tag{1.11b}$$

式 (1.11a) および式 (1.11b) は，それぞれ可逆過程および不可逆過程に対するエントロピー表示による第一法則と第二法則の結合形である。物体の内部エネルギー E と体積 V が変化しない状況（$dE = 0$ および $dV = 0$）では，式 (1.11a) および式 (1.11b) の右辺は 0 となる。その結果，以下の関係式が得られる。

$$dS = 0 \quad \text{（可逆過程）} \tag{1.12a}$$

$$dS > 0 \quad \text{（不可逆過程）} \tag{1.12b}$$

　内部エネルギー E が変化しない状況（$dE = 0$）とは，物体と外界の間でエネルギーの出入りがないことを意味している。式 (1.12a) および式 (1.12b) は，$dE = 0$ および $dV = 0$ の状況において，物体のエントロピー S は，可逆過程の反応では変化しないが，自発的に進行する不可逆過程の反応では増加することを示している。すなわち，エントロピー S は，平衡状態において最大値に達する。このため，$dE = 0$ および $dV = 0$ の状況に対する物体の平衡状態は，数学的に $dS = 0$ および $d^2S < 0$ と記述されることになる。これが，厳密な意

味での**エントロピー最大則**である。エントロピー最大則は，内部エネルギーと体積が一定の物体に対する平衡状態を規定している。**図 1.2** は，このような平衡状態と式 (1.12a) および式 (1.12b) の関係を模式的に表したものである。ここで，図の縦軸はエントロピー S を示し，横軸は示量変数 X_j を示している。また，縦軸および横軸の矢印の向きは，それぞれエントロピー S および示量変数 X_j の正方向を表している。なお，図 1.1 と同様に，図 1.2 の X_j は物体の内部状態を表す反応率と見なすことができる。図 1.2 において，反応率 X_j が白丸印の値になると，エントロピー S の値は最大となり，物体の平衡状態が実現される。

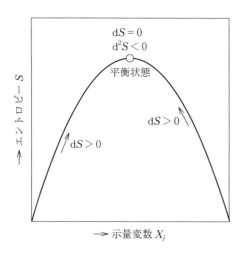

図 1.2　エントロピー最大則による平衡状態

　物体の平衡状態に対する図 1.1 の内部エネルギー最小則と図 1.2 のエントロピー最大則を統合し，**図 1.3** に示す。図 1.1 および図 1.2 と同様に，図 1.3 では物体の体積 V が一定となっている。図 1.3 の水平方向の軸は内部エネルギー E を表し，垂直方向の軸はエントロピー S を表し，奥行方向の軸は示量変数 X_j を表している。これらの E 軸，S 軸および X_j 軸は，たがいに直交する。図 1.3 の E-S-X_j 空間において，E-X_j 面は図 1.1 に対応し，S-X_j 面は図 1.2 に対応している。また，E-X_j 面と S-X_j 面の交差線に位置する白丸印は，図 1.1 および図 1.2 の白丸印を表している。すなわち，体積 V とエントロピー S が一定

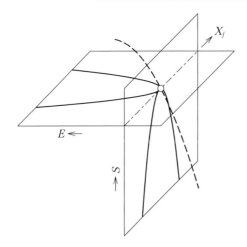

図1.3 体積一定の $E\text{-}S\text{-}X_j$ 空間
における平衡状態

の条件に対する図1.1の $E\text{-}X_j$ 面では，物体の内部エネルギー E の値は白丸印において最小となる。また，体積 V と内部エネルギー E が一定の条件に対する図1.2の $S\text{-}X_j$ 面では，物体のエントロピー S の値は白丸印において最大となる。このように，内部エネルギー最小則とエントロピー最大則によって評価される上記の平衡状態は，図1.3の $E\text{-}S\text{-}X_j$ 空間では同一の白丸印で表されることになる。ところで，図1.1の $E\text{-}X_j$ 面は，物体のエントロピー S の値が大きくなると S 軸の正方向に移動し，S の値が小さくなると S 軸の負方向に移動する。一方，図1.2の $S\text{-}X_j$ 面は，物体の内部エネルギー E の値が大きくなると E 軸の正方向に移動し，E の値が小さくなると E 軸の負方向に移動する。このような $E\text{-}X_j$ 面や $S\text{-}X_j$ 面の変化に伴い，平衡状態を表す図1.3の白丸印は太い破線に沿って移動する。上述のように，図1.3は体積一定の条件に対する $E\text{-}S\text{-}X_j$ 空間を表している。このため，物体の体積 V の値が変わると，図1.3の太い破線の位置や形状は変化する。

1.4 内部エネルギーの独立変数と多成分系への拡張

内部エネルギー表示によると，式 (1.9a) に示したように，可逆過程に対す

る第一法則と第二法則の結合形は，次式のように記述される。

$$dE = TdS - PdV \tag{1.13}$$

式 (1.13) は，エントロピーの変化量 dS に温度 T を掛け合わせた項 TdS から，体積の変化量 dV に圧力 P を掛け合わせた項 PdV を差し引いた値が，内部エネルギーの変化量 dE に等しいことを示している。このことは，内部エネルギー E がエントロピー S と体積 V を独立変数とする数学関数であることを意味している。この関係を明示的に示すと，次式のようになる。

$$E = E(S, V) \tag{1.14}$$

式 (1.14) の数学関数 $E(S, V)$ に対する**全微分**（total differential）は，次式のように求められる。

$$dE = \left(\frac{\partial E}{\partial S}\right)_V dS + \left(\frac{\partial E}{\partial V}\right)_S dV \tag{1.15}$$

式 (1.13) および式 (1.15) のそれぞれ対応する項を比較すると，以下の関係が成立する。

$$T \equiv \left(\frac{\partial E}{\partial S}\right)_V \tag{1.16a}$$

$$P \equiv -\left(\frac{\partial E}{\partial V}\right)_S \tag{1.16b}$$

式 (1.16a) および式 (1.16b) は，それぞれ温度 T および圧力 P の定義式と見なすことができる。温度や圧力の物理的な概念は，歴史的には熱力学の第一法則や第二法則とは独立に確立されてきた。これに対し，式 (1.16a) および式 (1.16b) は，温度 T および圧力 P が可逆過程に対する第一法則と第二法則の結合形に基づいて明確に定義されることを示している。

式 (1.14) は，**単一成分系**（unary system）の物体に対する内部エネルギー E を表している。これに対し，**多成分系**（multi-component system）の物体に対する相平衡を議論するためには，内部エネルギー E の組成依存性を定量的に記述する必要がある。そこで，本節では，多成分系の物体の内部エネルギー E に対する検討を行う。

いま，物体が r 種類の異なる**成分**（component）によって構成されているも

のとする。このような物体を構成する各成分のモル数を n_i $(i = 1, 2, 3, ..., r)$ とすると，物体の内部エネルギー E は，式 (1.14) に倣い，次式のように表現される。

$$E = E(S, V, n_1, n_2, n_3, ..., n_r) \tag{1.17}$$

式 (1.17) を**基本関係式**（fundamental equation）と呼ぶ。基本関係式 E の独立変数である S, V, $n_1, n_2, n_3, ..., n_r$ は，すべて加算可能な**示量変数**（extensive parameter）である。このことより，「内部エネルギー E は示量変数を独立変数とする基本関係式である」ということができる。内部エネルギー E に対するエントロピー S, 体積 V および成分 i の**モル数** n_i $(i = 1 \sim r)$ のような独立変数を，当該の基本関係式に対する固有な独立変数という。式 (1.17) で表される内部エネルギー E の全微分 $\mathrm{d}E$ を求めると，次式が得られる。

$$\mathrm{d}E = \left(\frac{\partial E}{\partial S} \right)_{V, n_i} \mathrm{d}S + \left(\frac{\partial E}{\partial V} \right)_{S, n_i} \mathrm{d}V + \sum_{i=1}^{r} \left(\frac{\partial E}{\partial n_i} \right)_{S, V, n_{j(j \neq i)}} \mathrm{d}n_i \tag{1.18}$$

ここで，次式のように定義される新しい熱力学変数 μ_i を導入する。

$$\mu_i \equiv \left(\frac{\partial E}{\partial n_i} \right)_{S, V, n_{j(j \neq i)}} \tag{1.19}$$

式 (1.19) で定義される熱力学変数 μ_i を**化学ポテンシャル**（chemical potential）という。また，式 (1.16a) および式 (1.16b) を多成分系に拡張すると，次式のようになる。

$$T \equiv \left(\frac{\partial E}{\partial S} \right)_{V, n_i} \tag{1.20}$$

$$P \equiv -\left(\frac{\partial E}{\partial V} \right)_{S, n_i} \tag{1.21}$$

式 (1.17) の基本関係式に対する**偏微分**（partial differential）で定義される式 (1.19)〜(1.21) を**状態方程式**（equations of state）と呼ぶ。ここで，状態方程式である温度 T, 圧力 P および成分 i の化学ポテンシャル μ_i の独立変数は，基本関係式である内部エネルギー E と同様に，エントロピー S, 体積 V および成分 i のモル数 n_i となっている。前述のように，内部エネルギー E の固有な独立変数は，エントロピー S, 体積 V および成分 i のモル数 n_i である。もし，基本

関係式が解析的な数学関数で記述されれば，同数学関数を固有な独立変数で偏微分することにより，すべての状態方程式を導出することができる。これとは逆に，全状態方程式が整備されれば，基本関係式を構築することができる。すなわち，「一つの基本関係式」と「すべての状態方程式」は，たがいに同等な熱力学的情報を有している。しかし，式 (1.19)～(1.21) の状態方程式の一部が欠けていると，式 (1.17) の基本関係式を構築することが困難となる。式 (1.19)～(1.21) の定義を式 (1.18) の全微分に反映させると，次式が導出される。

$$\mathrm{d}E = T\mathrm{d}S - P\mathrm{d}V + \sum_{i=1}^{r} \mu_i \mathrm{d}n_i \tag{1.22}$$

式 (1.22) は，可逆過程における多成分系の物体に対する内部エネルギー表示による第一法則と第二法則の結合形である。上述のように，内部エネルギー E の独立変数であるエントロピー S，体積 V および成分 i のモル数 n_i は，示量変数である。これに対し，式 (1.19)～(1.21) の状態方程式で定義される温度 T，圧力 P および成分 i の化学ポテンシャル μ_i は，**示強変数**（intensive parameter）である。

　値の大小を比較する際に，示量変数では「大きい（large），小さい（small）」と表現するが，示強変数では「高い（high），低い（low）」と表現する。このため

　　○エントロピーが大きい（The entropy is large.）

　　○温度が高い（The temperature is high.）

などというが，

　　●エントロピーが高い（The entropy is high.）

　　●温度が大きい（The temperature is large.）

などとはいわないので，注意が必要である。

　いま，示量変数を X_j で表し，対応する示強変数を I_j とすると，式 (1.22) は次式のような対称性のよい一般式で表現することができる。

$$\mathrm{d}E = \sum_{j=1}^{r+2} I_j \mathrm{d}X_j \tag{1.23}$$

式 (1.23) の右辺に現れる各変数は，以下のようになっている。

$$
\left.\begin{array}{llllll}
X_1 & = & S, & I_1 & = & T \\
X_2 & = & V, & I_2 & = & -P \\
X_3 & = & n_1, & I_3 & = & \mu_1 \\
X_4 & = & n_2, & I_4 & = & \mu_2 \\
X_5 & = & n_3, & I_5 & = & \mu_3 \\
\vdots & \vdots & \vdots & \vdots & \vdots & \vdots \\
X_{r+1} & = & n_{r-1}, & I_{r+1} & = & \mu_{r-1} \\
X_{r+2} & = & n_r, & I_{r+2} & = & \mu_r
\end{array}\right\}
\tag{1.24}
$$

式 (1.24) の同一行に現れる S と T，V と P，n_i と μ_i $(i = 1, 2, 3, ..., r)$ などのように，下付添字 j の値が等しい示量変数 X_j と示強変数 I_j をたがいに**共役**（conjugate）な熱力学変数という。式 (1.23) から知られるように，たがいに共役な示量変数と示強変数を掛け合わせた物理量の次元は，内部エネルギー E の次元と一致する。

1.5　エントロピーに対する基本関係式

エントロピー S に注目して前述の式 (1.22) を変形すると，次式が得られる。

$$
dS = \frac{1}{T} dE + \frac{P}{T} dV - \sum_{i=1}^{r} \frac{\mu_i}{T} dn_i
\tag{1.25}
$$

式 (1.25) は，可逆過程における多成分系の物体に対するエントロピー表示による第一法則と第二法則の結合形である。また，式 (1.25) の微分演算子の作用する変数の種類に注目すると，エントロピー S は示量変数である内部エネルギー E，体積 V および成分 i のモル数 n_i を独立変数とする熱力学関数であることが知られる。このことを明示的に表すと，次式のようになる。

$$
S = S(E, V, n_1, n_2, n_3, ..., n_r)
\tag{1.26}
$$

式 (1.26) は，エントロピー S に対する基本関係式である。式 (1.26) のように記述されるエントロピー S の全微分 dS を求めると，次式が得られる。

$$dS = \left(\frac{\partial S}{\partial E}\right)_{V, n_i} dE + \left(\frac{\partial S}{\partial V}\right)_{E, n_i} dV + \sum_{i=1}^{r}\left(\frac{\partial S}{\partial n_i}\right)_{E, V, n_{j(j \neq i)}} dn_i \tag{1.27}$$

式 (1.25) および式 (1.27) の対応する項を比較すると，以下の関係が成り立つ。

$$\frac{1}{T} \equiv \left(\frac{\partial S}{\partial E}\right)_{V, n_i} \tag{1.28a}$$

$$\frac{P}{T} \equiv \left(\frac{\partial S}{\partial V}\right)_{E, n_i} \tag{1.28b}$$

$$\frac{\mu_i}{T} \equiv -\left(\frac{\partial S}{\partial n_i}\right)_{E, V, n_{j(j \neq i)}} \tag{1.28c}$$

式 (1.28a)～(1.28c) は，エントロピー S に基づく温度 T，圧力 P および化学ポテンシャル μ_i の定義を表しており，式 (1.26) の基本関係式に対する状態方程式である。ここで，各状態方程式の独立変数は，基本関係式のエントロピー S と同様に，内部エネルギー E，体積 V および成分 i のモル数 n_i である。すなわち，内部エネルギー E，体積 V および成分 i のモル数 n_i は，エントロピー S の固有な独立変数である。また，内部エネルギー E に対する式 (1.23) と類似の方法を用いて式 (1.25) を表現すると，次式のようになる。

$$dS = \sum_{j=1}^{r+2} I_j dX_j \tag{1.29}$$

式 (1.29) の右辺に現れる各変数は，以下のようになっている。

$$\left.\begin{aligned}
X_1 &= E, & I_1 &= \frac{1}{T} \\[2mm]
X_2 &= V, & I_2 &= \frac{P}{T} \\[2mm]
X_3 &= n_1, & I_3 &= -\frac{\mu_1}{T} \\[2mm]
X_4 &= n_2, & I_4 &= -\frac{\mu_2}{T} \\[2mm]
X_5 &= n_3, & I_5 &= -\frac{\mu_3}{T} \\[1mm]
\vdots \quad \vdots \quad \vdots & & \vdots \quad \vdots \quad \vdots &
\end{aligned}\right\} \tag{1.30}$$

$$
\left.
\begin{aligned}
X_{r+1} &= n_{r-1}, & I_{r+1} &= -\frac{\mu_{r-1}}{T} \\[2mm]
X_{r+2} &= n_r, & I_{r+2} &= -\frac{\mu_r}{T}
\end{aligned}
\right\}
$$

(1.30) つづき

式 (1.30) の同一行に現れる E と $1/T$，V と P/T，n_i と μ_i/T $(i = 1, 2, 3, ..., r)$ などは，たがいに共役な熱力学変数である。式 (1.29) から知られるように，たがいに共役な示量変数と示強変数を掛け合わせた物理量の次元は，エントロピー S の次元に一致する。

　ところで，統計力学における Boltzmann の関係式を用いると，内部エネルギー E，体積 V および成分 i のモル数 n_i の所与の値に対する集合（ensemble）において，エントロピー S が最大となる集合の微視的状態を評価することにより，式 (1.26) の基本関係式に対する具体的な数学関数を解析的に導出することができる。すなわち，統計力学におけるエントロピー S の固有な独立変数は，熱力学におけると同様に，内部エネルギー E，体積 V および成分 i のモル数 n_i である。また，式 (1.26) の数学関数が知られると，式 (1.28a)〜(1.28c) の定義に基づき，平衡状態における温度 T，圧力 P および化学ポテンシャル μ_i の値を求めることができる。このように，可逆過程に対するエントロピー表示による第一法則と第二法則の結合形を表す式 (1.25) は，熱力学と統計力学を結ぶ架け橋の役割を担う重要な関係式である。

2

さまざまな束縛条件に対する平衡状態

2.1 平衡状態の束縛条件

r 種類の成分から成る多成分系の物体が，二つの異なる溶体相の α 相と β 相で構成されているものとする。ここで，**溶体相**（solution phase）は，各成分がたがいに溶け合った組成の均一な相を表している。また，α 相と β 相は平らな**界面**（interface）で隔てられている。**図2.1** は，このような多成分系の二相の物体を模式的に示している。以下では，「r 種類の成分から成る物体」を「r 元系の物体」と呼ぶことにする。

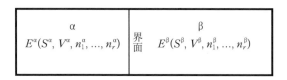

図2.1 α 相と β 相から成る r 元系の物体

例えば，$r = 1$ であれば**一元系**（unary system）となり，$r = 2$ であれば**二元系**（binary system）となり，$r = 3$ であれば**三元系**（ternary system）となり，$r = 4$ であれば**四元系**（quaternary system）などとなる。ここで，α 相および β 相の内部エネルギーをそれぞれ E^α および E^β とすると，E^α および E^β は式 (1.17) に従って以下のように表すことができる。

$$E^\alpha = E^\alpha(S^\alpha, V^\alpha, n_1^\alpha, n_2^\alpha, n_3^\alpha, ..., n_r^\alpha) \tag{2.1a}$$

$$E^\beta = E^\beta(S^\beta, V^\beta, n_1^\beta, n_2^\beta, n_3^\beta, ..., n_r^\beta) \tag{2.1b}$$

ここで，S^θ，V^θ および n_i^θ は，それぞれ溶体 θ $(\theta = \alpha, \beta)$ 相に対するエントロピー，体積および成分 i のモル数である。物体全体の内部エネルギー E は，次式のように，式 (2.1a) および式 (2.1b) の和となる。

$$E = E^\alpha + E^\beta$$
$$= E^\alpha(S^\alpha, V^\alpha, n_1^\alpha, n_2^\alpha, n_3^\alpha, ..., n_r^\alpha) + E^\beta(S^\beta, V^\beta, n_1^\beta, n_2^\beta, n_3^\beta, ..., n_r^\beta) \quad (2.2)$$

また，物体全体のエントロピー S，体積 V および成分 i のモル数 n_i に対し，以下の関係が成り立つ。

$$S = S^\alpha + S^\beta \tag{2.3a}$$
$$V = V^\alpha + V^\beta \tag{2.3b}$$
$$n_i = n_i^\alpha + n_i^\beta \tag{2.3c}$$

式 (1.10a) および式 (1.10b) や図 1.1 に対する 1.3 節の検討結果から知られるように，物体全体のエントロピー S，体積 V および成分 i のモル数 n_i が変化しない状況（$dS = 0$，$dV = 0$ および $dn_i = 0$）では，上記の物体の平衡状態は，次式のように記述される。

$$dE = 0 \tag{2.4a}$$
$$d^2E > 0 \tag{2.4b}$$

ここで，$dS = 0$ は物体のエントロピー S が変化しない（熱の出入りがない）**断熱系**（adiabatic system）であり，$dV = 0$ は物体の体積 V が一定に保たれる**定積系**（isochoric system）であり，$dn_i = 0$ は物体の各成分の量が保存される**閉鎖系**（closed system）であることを意味している。以下の三つの節では，断熱系，定積系および閉鎖系の物体に対し，3 種類の異なる束縛条件における平衡状態について検討する。なお，式 (1.12a) および式 (1.12b) に対する束縛条件 $dE = 0$ の物体を**孤立系**（isolated system）という。

2.2 熱的な平衡状態

前述の $dS = 0$，$dV = 0$ および $dn_i = 0$ の条件において，α 相と β 相の間で熱の移動のみが起こり，各相の体積 V^θ や成分 i のモル数 n_i^θ は変化しないも

のとする。すなわち，α相およびβ相は，共に定積系および閉鎖系である。このような熱の移動が可逆的に進行すると，次式の関係が成立する。

$$dE = dE^\alpha + dE^\beta = \left(\frac{\partial E^\alpha}{\partial S^\alpha}\right)_{V^\alpha, n_i^\alpha} dS^\alpha + \left(\frac{\partial E^\beta}{\partial S^\beta}\right)_{V^\beta, n_i^\beta} dS^\beta \tag{2.5}$$

式 (2.5) から知られるように，上記の可逆変化によってα相およびβ相の内部エネルギー E^α および E^β や物体全体の内部エネルギー E が変化するが，この変化に貢献するのはα相およびβ相のエントロピー変化 dS^α および dS^β のみである。温度 T の定義を表す式 (1.20) を式 (2.5) に代入すると，次式が得られる。

$$dE = T^\alpha dS^\alpha + T^\beta dS^\beta \tag{2.6}$$

また，式 (2.3a) および $dS = 0$ の束縛条件より，以下の関係が成り立つ。

$$dS^\beta = -dS^\alpha \tag{2.7}$$

式 (2.7) を式 (2.6) に代入すると，次式が導出される。

$$dE = (T^\alpha - T^\beta)dS^\alpha \tag{2.8}$$

　平衡状態では，式 (2.4a) に示すように $dE = 0$ の関係が成立するが，dS^α の任意の変化に対して式 (2.8) の右辺の値がつねに0であるためには，$(T^\alpha - T^\beta) = 0$ でなければならない。その結果，以下の関係が成立する。

$$T^\alpha = T^\beta \tag{2.9}$$

すなわち，$dS = 0$, $dV = 0$ および $dn_i = 0$ の条件において，α相とβ相の間で熱の移動のみを許す場合には，平衡状態においてα相とβ相の温度がたがいに等しくなる。

　式 (2.9) の平衡条件に対する理解を深めるために，平衡状態から少しだけずれた状態を考えてみる。いま，次式のように，β相よりもα相の温度が少しだけ高いものとする。

$$T^\alpha > T^\beta \tag{2.10}$$

式 (2.10) の初期状態の物体が式 (2.9) の平衡状態に向かって自発的に変化する場合には，物体の内部エネルギー E が減少する（$dE < 0$）。その際，式 (2.10) における T^α と T^β の差が非常に小さければ，上記の変化は**準静的**（quasi-static）に進行すると見なすことができる。その場合には，次式のように，式 (2.8) を

用いて物体の内部エネルギー変化 dE を近似的に評価することができる。

$$dE \cong (T^\alpha - T^\beta)dS^\alpha \tag{2.11}$$

式 (2.11) において，自発的な変化は $dE < 0$ であるが，式 (2.10) に示すように $(T^\alpha - T^\beta) > 0$ であるので，$dS^\alpha < 0$ となる。すなわち，式 (2.10) の初期状態に対する自発的な変化では，α 相のエントロピー S^α が減少し，β 相のエントロピー S^β が増加する。このような S^α および S^β の変化は，α 相から β 相へ向かう熱の移動によって実現される。一方，これとは逆に，次式のように，α 相よりも β 相の温度が少しだけ高い初期状態を考える。

$$T^\alpha < T^\beta \tag{2.12}$$

この場合には，式 (2.11) において $(T^\alpha - T^\beta) < 0$ であるので，$dE < 0$ となるためには $dS^\alpha > 0$ でなければならない。すなわち，式 (2.12) の初期状態に対する自発的な変化では，α 相のエントロピー S^α が増加し，β 相のエントロピー S^β が減少する。このような S^α および S^β の変化は，β 相から α 相へ向かう熱の移動を介して起こる。このことより，各相の温度に差がある場合には，高温の相から低温の相へ向かって熱が移動し，平衡状態において両相の温度がたがいに等しくなるものと結論される。熱力学の第一法則と第二法則から導出されるこの結論は，物体の熱移動に対する経験的な知見と一致している。なお，固体では，**熱伝導**によって熱が移動する。熱移動に対する上記の結論は，固体の温度分布の不均一性（inhomogeneity）が熱伝導の駆動力（driving force）であることを示している。

　ところで，式 (2.7) から知られるように，S^α と S^β の一方が独立変数であり他方は従属変数であるが，独立変数の選び方は任意である。本節の束縛条件に対する図 1.1 の横軸の示量変数 X_j は，S^α あるいは S^β のどちらか一方の独立変数に対応する。このように，S^α や S^β は，反応率を表している。いま，図 1.1 において，便宜的に $X_j = S^\alpha$ とし，白丸印の $dE = 0$ に対する S^α の値を S_0^α と表すことにする。その場合には，$dS^\alpha < 0$ となる式 (2.10) の初期状態は $S^\alpha > S_0^\alpha$ に対応し，$dS^\alpha > 0$ となる式 (2.12) の初期状態は $S^\alpha < S_0^\alpha$ に対応する。また，$S^\alpha > S_0^\alpha$ および $S^\alpha < S_0^\alpha$ いずれの場合においても，自発的な変化は

つねに $dE < 0$ となる。このことは，$d^2E > 0$ であることを意味している。すなわち，本節の束縛条件に対する平衡状態では，式 (2.4a) および式 (2.4b) の両関係が成立する。

2.3　機械的な平衡状態

2.2 節では，$dS = 0$，$dV = 0$ および $dn_i = 0$ の条件において，α 相と β 相の間で熱の移動のみを許す束縛条件に対する平衡状態を検討した。本節では，この束縛条件を少し緩和する。すなわち，α 相と β 相の間で，熱の移動に加え，界面の移動を許すものとする。ただし，α 相および β 相は，閉鎖系である。その場合には，α 相および β 相のエントロピー S^α および S^β ばかりでなく，体積 V^α および V^β も変化することになる。このような熱と界面の移動が可逆的に進行すると，次式の関係が成立する。

$$dE = dE^\alpha + dE^\beta$$
$$= \left(\frac{\partial E^\alpha}{\partial S^\alpha}\right)_{V^\alpha, n_i^\alpha} dS^\alpha + \left(\frac{\partial E^\beta}{\partial S^\beta}\right)_{V^\beta, n_i^\beta} dS^\beta + \left(\frac{\partial E^\alpha}{\partial V^\alpha}\right)_{S^\alpha, n_i^\alpha} dV^\alpha + \left(\frac{\partial E^\beta}{\partial V^\beta}\right)_{S^\beta, n_i^\beta} dV^\beta$$

$$(2.13)$$

式 (2.13) から知られるように，上記の可逆変化による溶体 θ （$\theta = \alpha, \beta$）相の内部エネルギー変化 dE^θ に貢献するのは，θ 相のエントロピー変化 dS^θ と体積変化 dV^θ である。温度 T および圧力 P の定義を表す式 (1.20) および式 (1.21) を式 (2.13) に代入すると，次式が得られる。

$$dE = T^\alpha dS^\alpha + T^\beta dS^\beta - P^\alpha dV^\alpha - P^\beta dV^\beta \qquad (2.14)$$

また，式 (2.3a) と $dS = 0$ および式 (2.3b) と $dV = 0$ の束縛条件より，以下の関係が成り立つ。

$$dS^\beta = -dS^\alpha \qquad (2.15a)$$
$$dV^\beta = -dV^\alpha \qquad (2.15b)$$

式 (2.15a) および式 (2.15b) を式 (2.14) に代入すると，次式が導出される。

$$dE = (T^\alpha - T^\beta)dS^\alpha - (P^\alpha - P^\beta)dV^\alpha \qquad (2.16)$$

　平衡状態では，式 (2.4a) のように $dE = 0$ であるが，dS^α や dV^α の任意の変化に対して式 (2.16) の右辺の値がつねに 0 であるためには，$(T^\alpha - T^\beta) = 0$ および $(P^\alpha - P^\beta) = 0$ でなければならない。その結果，以下の関係が成立する。

$$T^\alpha = T^\beta \tag{2.17a}$$

$$P^\alpha = P^\beta \tag{2.17b}$$

すなわち，$dS = 0$，$dV = 0$ および $dn_i = 0$ の条件において，α 相と β 相の間で熱と界面の移動を許す場合には，平衡状態において α 相と β 相の温度と圧力がそれぞれたがいに等しくなる。

　式 (2.9) および式 (2.17a) と同様に，式 (2.17b) の平衡条件に対する理解を深めるために，平衡状態から少しだけずれた状態を考える。ここでは，式 (2.17a) に示すように，α 相と β 相の温度はたがいに等しいが，次式のように，β 相よりも α 相の圧力が少しだけ高いものとする。

$$P^\alpha > P^\beta \tag{2.18}$$

2.2 節における議論と同様に，式 (2.18) の初期状態の物体が式 (2.17b) の平衡状態に向かって自発的に変化する場合には，物体の内部エネルギー E が減少する（$dE < 0$）。その際，式 (2.18) における P^α と P^β の差が非常に小さければ，上記の変化は準静的に進行すると見なすことができる。その場合には，次式のように，式 (2.16) を用いて物体の内部エネルギー変化 dE を近似的に評価することができる。

$$dE \cong 0 \times dS^\alpha - (P^\alpha - P^\beta)dV^\alpha = (P^\beta - P^\alpha)dV^\alpha \tag{2.19}$$

式 (2.19) において，自発的な変化は $dE < 0$ であるが，式 (2.18) に示すように $(P^\beta - P^\alpha) < 0$ であるので，$dV^\alpha > 0$ となる。すなわち，式 (2.18) の初期状態に対する自発的な変化では，α 相の体積 V^α が増加し，β 相の体積 V^β が減少する。このことは，α 相側から β 相側へ向かって界面が移動することを意味している。一方，これとは逆に，次式のように，α 相よりも β 相の圧力が少しだけ高い初期状態を考える。

$$P^\alpha < P^\beta \tag{2.20}$$

この場合には，式 (2.19) において $(P^\beta - P^\alpha) > 0$ であるので，$dE < 0$ となる

ためには $dV^\alpha < 0$ でなければならない。すなわち，式 (2.20) の初期状態に対する自発的な変化では，α 相の体積 V^α が減少し，β 相の体積 V^β が増加する。このことは，β 相側から α 相側へ向かって界面が移動することを意味している。以上の検討結果より，各相の圧力に差がある場合には，高圧力の相から低圧力の相へ向かって界面が移動し，平衡状態において両相の圧力がたがいに等しくなるものと結論される。熱力学の第一法則と第二法則から導出されるこの結論は，物体の**圧力緩和**に対する経験的な知見と一致している。本節の束縛条件に対する界面移動の駆動力は，物体の圧力分布の不均一性である。界面が，α 相側から β 相側へ移動する場合には β 相から α 相への**相変態**（phase transformation）が起こり，β 相側から α 相側へ移動する場合には α 相から β 相への相変態が起こる。なお，相変態は，**相転移**（phase transition）と呼ばれることもある。

　ところで，式 (2.15b) から知られるように，V^α と V^β の一方が独立変数であり他方は従属変数であるが，式 (2.15a) における S^α や S^β と同様に，独立変数の選び方は任意である。式 (2.18)〜(2.20) に基づく上述の検討に対する図 1.1 の横軸の示量変数 X_j は，V^α あるいは V^β のどちらか一方の独立変数に対応する。すなわち，V^α や V^β は，反応率を表している。いま，図 1.1 において，便宜的に $X_j = V^\alpha$ とし，白丸印の $dE = 0$ に対する V^α の値を V_0^α と表すことにする。その場合には，$dV^\alpha < 0$ となる式 (2.20) の初期状態は $V^\alpha > V_0^\alpha$ に対応し，$dV^\alpha > 0$ となる式 (2.18) の初期状態は $V^\alpha < V_0^\alpha$ に対応する。また，$V^\alpha > V_0^\alpha$ および $V^\alpha < V_0^\alpha$ いずれの場合においても，自発的な変化はつねに $dE < 0$ となる。このことは，$d^2E > 0$ であることを示している。すなわち，2.2 節と同様に，本節の束縛条件に対する平衡状態においても，式 (2.4a) および式 (2.4b) の両関係が成立する。

2.4　化学的な平衡状態

　2.2 節では，$dS = 0$，$dV = 0$ および $dn_i = 0$ の条件において，α 相と β 相の間で熱の移動のみを許す束縛条件に対する平衡状態を検討した。また，2.3

節では，2.2 節の束縛条件の一部を緩和し，α 相と β 相の間で，熱の移動に加え，界面の移動も許した。これに対し，本節では，2.3 節とは異なる方法で2.2 節の束縛条件の一部を緩和する。すなわち，α 相と β 相の間で，熱と成分1 が移動するものとする。これは，α 相および β 相が定積系および成分 1 を除く閉鎖系であることを意味している。その場合には，α 相と β 相に対し，エントロピー S^α および S^β と成分 1 のモル数 n_1^α および n_1^β が変化する。このような熱と成分 1 の移動が可逆的に進行すると，次式の関係が成立する。

$$dE = dE^\alpha + dE^\beta$$

$$= \left(\frac{\partial E^\alpha}{\partial S^\alpha}\right)_{V^\alpha, n_i^\alpha} dS^\alpha + \left(\frac{\partial E^\beta}{\partial S^\beta}\right)_{V^\beta, n_i^\beta} dS^\beta + \left(\frac{\partial E^\alpha}{\partial n_1^\alpha}\right)_{S^\alpha, V^\alpha, n_{j(j\neq1)}^\alpha} dn_1^\alpha + \left(\frac{\partial E^\beta}{\partial n_1^\beta}\right)_{S^\beta, V^\beta, n_{j(j\neq1)}^\beta} dn_1^\beta$$

$$(2.21)$$

式 (2.21) によると，上記の可逆変化による溶体 θ（$\theta = \alpha, \beta$）相の内部エネルギー変化 dE^θ に貢献するのは，θ 相のエントロピー変化 dS^θ と成分 1 のモル数の変化 dn_1^θ である。温度 T および化学ポテンシャル μ_i の定義を表す式 (1.20) および式 (1.19) を式 (2.21) に代入すると，次式が得られる。

$$dE = T^\alpha dS^\alpha + T^\beta dS^\beta + \mu_1^\alpha dn_1^\alpha + \mu_1^\beta dn_1^\beta \qquad (2.22)$$

また，式 (2.3a) と $dS = 0$ および式 (2.3c) と $dn_1 = 0$ の束縛条件より，以下の関係が成り立つ。

$$dS^\beta = -dS^\alpha \qquad (2.23a)$$

$$dn_1^\beta = -dn_1^\alpha \qquad (2.23b)$$

式 (2.23a) および式 (2.23b) を式 (2.22) に代入すると，次式が導出される。

$$dE = (T^\alpha - T^\beta)dS^\alpha + (\mu_1^\alpha - \mu_1^\beta)dn_1^\alpha \qquad (2.24)$$

平衡状態では，式 (2.4a) のように $dE = 0$ であるが，dS^α や dn_1^α の任意の変化に対して式 (2.24) の右辺の値がつねに 0 であるためには，$(T^\alpha - T^\beta) = 0$ および $(\mu_1^\alpha - \mu_1^\beta) = 0$ でなければならない。その結果，以下の関係が成立する。

$$T^\alpha = T^\beta \qquad (2.25a)$$

$$\mu_1^\alpha = \mu_1^\beta \qquad (2.25b)$$

すなわち，$dS = 0$，$dV = 0$ および $dn_i = 0$ の条件において，α 相と β 相の間

で熱と成分1の移動を許す場合には，平衡状態においてα相とβ相の温度と成分1の化学ポテンシャルがそれぞれたがいに等しくなる。

式 (2.9)，(2.17a)，(2.17b) および (2.25a) と同様に，式 (2.25b) の平衡条件に対する理解を深めるために，平衡状態から少しだけずれた状態を考える。ここでは，式 (2.25a) に示すように，α相とβ相の温度はたがいに等しいが，次式のように，β相よりもα相における成分1の化学ポテンシャルが少しだけ高いものとする。

$$\mu_1^\alpha > \mu_1^\beta \tag{2.26}$$

2.2 節および 2.3 節における議論と同様に，式 (2.26) の初期状態の物体が式 (2.25b) の平衡状態に向かって自発的に変化する場合には，物体の内部エネルギー E が減少する（$dE < 0$）。その際，式 (2.26) における μ_1^α と μ_1^β の差が非常に小さければ，上記の変化は準静的に進行すると見なすことができる。その場合には，次式のように，式 (2.24) を用いて物体の内部エネルギー変化 dE を近似的に評価することができる。

$$dE \cong 0 \times dS^\alpha + (\mu_1^\alpha - \mu_1^\beta)dn_1^\alpha = (\mu_1^\alpha - \mu_1^\beta)dn_1^\alpha \tag{2.27}$$

式 (2.27) において，自発的な変化は $dE < 0$ であるが，式 (2.26) に示すように $(\mu_1^\alpha - \mu_1^\beta) > 0$ であるので，$dn_1^\alpha < 0$ となる。すなわち，式 (2.26) の初期状態に対する自発的な変化では，α相における成分1のモル数 n_1^α が減少し，β相における成分1のモル数 n_1^β が増加する。このことは，α相からβ相へ向かう成分1の輸送が起こることを意味している。一方，これとは逆に，次式のように，α相よりもβ相における成分1の化学ポテンシャルが少しだけ高い状態を考える。

$$\mu_1^\alpha < \mu_1^\beta \tag{2.28}$$

この場合には，式 (2.27) において $(\mu_1^\alpha - \mu_1^\beta) < 0$ であるので，$dE < 0$ となるためには $dn_1^\alpha > 0$ でなければならない。すなわち，式 (2.28) の初期状態に対する自発的な変化では，α相における成分1のモル数 n_1^α が増加し，β相における成分1のモル数 n_1^β が減少する。このことは，β相からα相へ向かう成分1の輸送が起こることを意味している。以上の検討結果より，各相における成分

i の化学ポテンシャル μ_i に差がある場合には，μ_i の高い相から μ_i の低い相へ向かう成分 i の輸送が起こり，平衡状態において両相の μ_i がたがいに等しくなるものと結論される。熱力学の第一法則と第二法則から導出されるこの結論は，物体中の物質輸送に対する経験的な知見と一致している。なお，固体中の物質輸送は，**拡散** によって実現される。上述の結論は，<u>固体中の化学ポテンシャルの分布の不均一性が拡散の駆動力であること</u>を示している。

ところで，式 (2.23b) から知られるように，n_1^α と n_1^β の一方が独立変数であり他方は従属変数であるが，式 (2.23a) における S^α や S^β と同様に，独立変数の選び方は任意である。式 (2.26)〜(2.28) の検討に対する図 1.1 の横軸の示量変数 X_j は，n_1^α あるいは n_1^β のどちらか一方の独立変数に対応する。すなわち，n_1^α や n_1^β は，反応率を表している。いま，図 1.1 において，便宜的に $X_j = n_1^\alpha$ とし，白丸印の $dE = 0$ に対する n_1^α の値を n_{10}^α と表すことにする。その場合には，$dn_1^\alpha < 0$ となる式 (2.26) の初期状態は $n_1^\alpha > n_{10}^\alpha$ に対応し，$dn_1^\alpha > 0$ となる式 (2.28) の初期状態は $n_1^\alpha < n_{10}^\alpha$ に対応する。また，$n_1^\alpha > n_{10}^\alpha$ および $n_1^\alpha < n_{10}^\alpha$ いずれの場合においても，自発的な変化はつねに $dE < 0$ となる。このことは，$d^2E > 0$ であることを意味している。すなわち，2.2 節および 2.3 節と同様に，本節の束縛条件に対する平衡状態においても，式 (2.4a) および式 (2.4b) の両関係が成立する。

【演 習】

2.2 節〜2.4 節では，内部エネルギー最小則を用いて種々の束縛条件に対する平衡状態を評価した。このような平衡状態の評価は，エントロピー最大則を用いて行うこともできる。なお，内部エネルギー最小則における断熱系は，エントロピー最大則では前述の孤立系に置き換わる。エントロピー最大則を用い，当該の束縛条件に対する平衡状態を評価せよ。

2.5 Euler の一次形式

　2.2 節～2.4 節では，断熱系，定積系および閉鎖系の物体に対し，三つの異なる束縛条件における平衡状態について検討した。この検討結果は，式 (1.23) の熱力学変数を用いて，つぎのように一般化することができる。すなわち，<u>物体中で示強変数 I_j の値に不均一性が存在すると，I_j の高いほうから低いほうへ向かって，I_j と共役な示量変数 X_j に関する移動が起こる。このような X_j の移動の駆動力は，I_j の値の不均一性に起因している。</u>

　ところで，単一の相から成る r 元系の物体の内部エネルギー E に対する可逆過程における第一法則と第二法則の結合形は，式 (1.22) に示したように，以下のように記述される。

$$\mathrm{d}E = T\mathrm{d}S - P\mathrm{d}V + \sum_{i=1}^{r} \mu_i \mathrm{d}n_i \tag{2.29}$$

2.2 節～2.4 節の検討結果から知られるように，平衡状態では，温度 T，圧力 P および成分 i の化学ポテンシャル μ_i が物体全体にわたって等しくなる。そのような場合には，式 (2.29) を以下のように積分することができる。

$$E = \int \mathrm{d}E = T\int \mathrm{d}S - P\int \mathrm{d}V + \sum_{i=1}^{r} \mu_i \int \mathrm{d}n_i = TS - PV + \sum_{i=1}^{r} \mu_i n_i \tag{2.30}$$

式 (2.30) は，煩雑さを避けるために積分範囲を明示していないが，物体全体にわたる**定積分**を表している。式 (2.30) を構成する各熱力学変数のうち，温度 T，圧力 P，体積 V および成分 i のモル数 n_i は，それぞれ 300 K，10^5 Pa，2 m^3 および 3 mol のように，**絶対値**を有する物理量である。これに対し，内部エネルギー E やエントロピー S は，式 (1.1) や式 (1.4a) に示したように，**差分量**として規定される物理量であるため，熱力学的な絶対値を評価することが困難である。このため，熱力学的な内部エネルギー E やエントロピー S は，適切な**標準状態**を基準とし，相対的な値を評価することになる。また，式 (1.19) に示

したように，成分 i のモル数 n_i による内部エネルギー E の偏微分で定義される化学ポテンシャル μ_i も，熱力学的な絶対値をもたない物理量である。

ところで，式 (2.30) に対する理解を深めるために，内部エネルギー E，エントロピー S，体積 V および成分 i のモル数 n_i の値がそれぞれたがいに等しい二つの物体を接合した複合体を考える。平衡状態におけるこの複合体に対し，内部エネルギーを E^C とし，エントロピーを S^C とし，体積を V^C とし，成分 i のモル数を n_i^C とすると，物体と複合体の間に次式の関係が成り立つ。

$$E^C = TS^C - PV^C + \sum_{i=1}^{r} \mu_i n_i^C = T(S + S) - P(V + V) + \sum_{i=1}^{r} \mu_i(n_i + n_i)$$

$$= 2TS - 2PV + 2\sum_{i=1}^{r} \mu_i n_i = 2E \tag{2.31}$$

すなわち，平衡状態における物体のエントロピー S，体積 V および成分 i のモル数 n_i の値がそれぞれ 2 倍になると，物体の内部エネルギー E も 2 倍になる。このような関係を一般化すると，次式のように表すことができる。

$$\lambda E = E(\lambda S, \lambda V, \lambda n_1, \lambda n_2, \lambda n_3, ..., \lambda n_r) \tag{2.32}$$

式 (2.32) の λ は，任意の値である。式 (2.32) から知られるように，同一の平衡状態において，物体の量が λ 倍になると，示量変数であるエントロピー S，体積 V および成分 i のモル数 n_i の値はいずれも λ 倍になるが，内部エネルギー E の値も λ 倍になる。このように，エントロピー S，体積 V および成分 i のモル数 n_i と同様に，内部エネルギー E も示量変数である。式 (2.32) のような性質を示す数学関数を **Euler の一次形式**（あるいは単に **Euler 形式**，Euler form）という。式 (2.30) は，平衡状態における内部エネルギー E に対する Euler の一次形式である。式 (2.30) と同様に，式 (1.25) を物体全体にわたって定積分すると，平衡状態におけるエントロピー S に対する Euler の一次形式を求めることができる。

一方，式 (2.30) の最左辺と最右辺を微分すると，次式が得られる。

$$dE = TdS + SdT - PdV - VdP + \sum_{i=1}^{r} \mu_i dn_i + \sum_{i=1}^{r} n_i d\mu_i \tag{2.33}$$

式 (2.30) は，平衡状態の物体に対し，式 (2.29) を物体全体にわたって定積分したものである。また，式 (2.33) は，式 (2.30) を数学的に微分したものである。このため，平衡状態において，式 (2.29) および式 (2.33) はたがいに等しくなければならない。その結果，以下の関係が成り立つ。

$$S\mathrm{d}T - V\mathrm{d}P + \sum_{i=1}^{r} n_i \mathrm{d}\mu_i = 0 \tag{2.34}$$

式 (2.34) を **Gibbs-Duhem の関係式**（Gibbs-Duhem relation）という。Gibbs-Duhem の関係式は，平衡状態における示強変数の間の従属関係を規定している。すなわち，r 元系の単相の物体では，$(r+2)$ 個の示強変数のうち，$(r+1)$ 個は独立変数であるが，残り 1 個の示強変数は従属変数となる。上述のように，式 (2.30) および式 (2.34) は，平衡状態に対する熱力学関係式である。このため，図 1.3 の E-S-X_j 空間では，太い破線に沿って式 (2.30) および式 (2.34) が成立する。

基本関係式とルジャンドル変換

3.1 ルジャンドル変換

1章で述べたように，内部エネルギー E は，示量変数であるエントロピー S，体積 V および成分 i のモル数 n_i を固有な独立変数とする基本関係式である。この基本関係式が解析的な数学関数で記述されれば，各独立変数によって基本関係式を偏微分することにより，共役な示強変数に対応する状態方程式を導出することができる。しかし，大気圧下で行う通常の実験では，エントロピー S や体積 V などの示量変数よりも温度 T や圧力 P などの示強変数を制御するほうがはるかに容易である。すなわち，基本関係式の独立変数の一部を示量変数から示強変数に置き換えることができれば，実験科学の分野における熱力学の有用性が飛躍的に高まるものと期待される。このような独立変数の置換を可能にする数学的な技法が**ルジャンドル変換**（Legendre transformations）である。

いま，x および y を独立変数とする次式のような関数 $f(x, y)$ を考える。

$$f = f(x, y) \tag{3.1}$$

また，式 (3.1) の関数 $f(x, y)$ に対し，変数 X および Y を次式のように定義する。

$$X \equiv \left(\frac{\partial f}{\partial x} \right)_y \tag{3.2a}$$

$$Y \equiv \left(\frac{\partial f}{\partial y} \right)_x \tag{3.2b}$$

次式の変換を行うと，関数 $f(x, y)$ の独立変数 x を変数 X で置換した新しい関数 $g(X, y)$ を求めることができる。

$$g(X, y) = f(x, y) - x\left(\frac{\partial f}{\partial x} \right)_y = f(x, y) - xX \tag{3.3}$$

また，関数 $g(X, y)$ の独立変数 y を変数 Y で置換した新しい関数 $h(X, Y)$ を求めるためには，次式の変換を行えばよい。

$$h(X, Y) = f(x, y) - x\left(\frac{\partial f}{\partial x} \right)_y - y\left(\frac{\partial f}{\partial y} \right)_x = f(x, y) - xX - yY$$

$$= g(X, y) - y\left(\frac{\partial g}{\partial y} \right)_X = g(X, y) - yY \tag{3.4}$$

なお，$f(x, y)$ および $g(X, y)$ における独立変数 y の数学的な寄与は等価であるので，以下の関係が成り立つ。

$$Y \equiv \left(\frac{\partial f}{\partial y} \right)_x = \left(\frac{\partial g}{\partial y} \right)_X \tag{3.5}$$

式 (3.3) や式 (3.4) の変換技法がルジャンドル変換である。ルジャンドル変換は，$f(x, y)$ に含まれる数学的な情報を一切失うことなく $g(X, y)$ や $h(X, Y)$ を導出できるという特徴がある。このため，$g(X, y)$ や $h(X, Y)$ に対する逆変換により，$f(x, y)$ を求めることができる。以下では，この手順について述べる。

　式 (3.2a) および式 (3.2b) の定義を用いると，式 (3.1) の関数 $f(x, y)$ の全微分は次式のように表すことができる。

$$\mathrm{d}f = \left(\frac{\partial f}{\partial x} \right)_y \mathrm{d}x + \left(\frac{\partial f}{\partial y} \right)_x \mathrm{d}y = X\mathrm{d}x + Y\mathrm{d}y \tag{3.6}$$

また，式 (3.3) の最左辺と最右辺を微分すると，次式が得られる。

$$\mathrm{d}g = \mathrm{d}f - X\mathrm{d}x - x\mathrm{d}X \tag{3.7}$$

式 (3.6) の最左辺と最右辺の関係を式 (3.7) に代入すると，次式が導出される。

$$\mathrm{d}g = X\mathrm{d}x + Y\mathrm{d}y - X\mathrm{d}x - x\mathrm{d}X = -x\mathrm{d}X + Y\mathrm{d}y \tag{3.8}$$

また，関数 $g(X, y)$ の全微分は，次式のように記述される。

$$\mathrm{d}g = \left(\frac{\partial g}{\partial X}\right)_y \mathrm{d}X + \left(\frac{\partial g}{\partial y}\right)_X \mathrm{d}y \tag{3.9}$$

式 (3.8) および式 (3.9) の右辺の各項を比較すると，以下の関係が成立する。

$$\left(\frac{\partial g}{\partial X}\right)_y = -x \tag{3.10a}$$

$$\left(\frac{\partial g}{\partial y}\right)_X = Y \tag{3.10b}$$

式 (3.2b) および式 (3.10b) より，式 (3.5) の関係の成立することが知られる。

　一方，関数 $g(X, y)$ の独立変数 X を変数 x に置き換えるルジャンドル変換により，次式のような関数 $k(x, y)$ が得られたとする。

$$k(x, y) = g(X, y) - X\left(\frac{\partial g}{\partial X}\right)_y = g(X, y) - X(-x) = g(X, y) + xX \tag{3.11}$$

また，式 (3.3) は次式のように書き換えられる。

$$f(x, y) = g(X, y) + xX \tag{3.12}$$

式 (3.11) および式 (3.12) を比較すると，次式の関係の成り立つことが知られる。

$$k(x, y) = f(x, y) \tag{3.13}$$

すなわち，式 (3.3) の関数 $g(X, y)$ に対し，独立変数 X を変数 x に置き換えるルジャンドル変換を行うと，式 (3.1) の関数 $f(x, y)$ が得られる。

　これに対し，前述の式 (3.4) の最左辺と中辺を微分すると，次式が得られる。

$$\mathrm{d}h = \mathrm{d}f - X\mathrm{d}x - x\mathrm{d}X - Y\mathrm{d}y - y\mathrm{d}Y \tag{3.14}$$

式 (3.6) の関係を式 (3.14) に代入すると，次式が導出される。

$$\mathrm{d}h = X\mathrm{d}x + Y\mathrm{d}y - X\mathrm{d}x - x\mathrm{d}X - Y\mathrm{d}y - y\mathrm{d}Y = -x\mathrm{d}X - y\mathrm{d}Y \tag{3.15}$$

また，関数 $h(X, Y)$ の全微分は，次式のように表される。

$$\mathrm{d}h = \left(\frac{\partial h}{\partial X}\right)_Y \mathrm{d}X + \left(\frac{\partial h}{\partial Y}\right)_X \mathrm{d}Y \tag{3.16}$$

式 (3.15) および式 (3.16) の右辺の各項を比較すると，以下の関係が成立する。

$$\left(\frac{\partial h}{\partial X}\right)_Y = -x \tag{3.17a}$$

$$\left(\frac{\partial h}{\partial Y}\right)_X = -y \tag{3.17b}$$

一方，関数 $h(X, Y)$ の独立変数 X および Y をそれぞれ変数 x および y に置き換えるルジャンドル変換により，次式のような関数 $l(x, y)$ が得られたとする。

$$l(x, y) = h(X, Y) - X\left(\frac{\partial h}{\partial X}\right)_Y - Y\left(\frac{\partial h}{\partial Y}\right)_X$$
$$= h(X, Y) - X(-x) - Y(-y) = h(X, Y) + xX + yY \tag{3.18}$$

また，式 (3.4) の最左辺と中辺の関係は，次式のように書き換えられる。

$$f(x, y) = h(X, Y) + xX + yY \tag{3.19}$$

式 (3.18) および式 (3.19) を比較すると，次式の関係の成り立つことが知られる。

$$l(x, y) = f(x, y) \tag{3.20}$$

すなわち，式 (3.4) の関数 $h(X, Y)$ に対し，独立変数 X および Y をそれぞれ変数 x および y に置き換えるルジャンドル変換を行うと，式 (3.1) の関数 $f(x, y)$ が得られる。このように，関数 $f(x, y)$ のルジャンドル変換によって導出される関数 $g(X, y)$ および $h(X, Y)$ には，$f(x, y)$ の数学的な情報が一切欠落することなく継承されている。

3.2　Helmholtz エネルギー

内部エネルギーに対する基本関係式 $E(S, V, n_1, ..., n_r)$ の独立変数のうち，示量変数のエントロピー S を共役な示強変数の温度 T に置き換えるルジャンドル変換を考える。このルジャンドル変換によって得られる新しい関数を F とする。なお，温度 T は，式 (1.20) に示したように，次式のように定義される。

$$T \equiv \left(\frac{\partial E}{\partial S}\right)_{V, n_i} \tag{3.21}$$

式 (3.21) の定義を用いると，上述のルジャンドル変換は，次式のように表される。

$$F(T, V, n_1, ..., n_r) \equiv E(S, V, n_1, ..., n_r) - \left\{ \frac{\partial E(S, V, n_1, ..., n_r)}{\partial S} \right\}_{V, n_i} S$$

$$= E - TS \tag{3.22}$$

式 (3.22) のルジャンドル変換によって定義される新しい熱力学関数 F を **Helmholtz エネルギー**（Helmholtz energy）と呼ぶ。なお，この呼称は，ドイツの生理学者・物理学者・数学者である Hermann Ludwig Ferdinand von Helmholtz（1821 年～1894 年）に由来する。前述のように，内部エネルギー E の固有な独立変数のエントロピー S，体積 V および成分 i のモル数 n_i はすべて示量変数であるが，Helmholtz エネルギー F では，エントロピー S が共役な示強変数の温度 T に置き換わっている。式 (3.22) の最左辺と最右辺を微分すると，次式が得られる。

$$dF = dE - TdS - SdT \tag{3.23}$$

式 (3.23) に式 (1.22) を代入すると，次式が導出される。

$$dF = \left(TdS - PdV + \sum_{i=1}^{r} \mu_i dn_i \right) - TdS - SdT$$

$$= -SdT - PdV + \sum_{i=1}^{r} \mu_i dn_i \tag{3.24}$$

式 (3.24) は，可逆過程における Helmholtz エネルギー F に対する第一法則と第二法則の結合形である。式 (3.24) の最右辺において微分演算子の作用する変数の種類に注目すると，Helmholtz エネルギー F の固有な独立変数が温度 T，体積 V および成分 i のモル数 n_i であることが知られ，式 (3.22) のルジャンドル変換によってエントロピー S が温度 T に置き換わっていることを確認できる。T，V および n_i を固有な独立変数とする Helmholtz エネルギー $F(T, V, n_1, ..., n_r)$ は，S，V および n_i を固有な独立変数とする内部エネルギー $E(S, V, n_1, ..., n_r)$ や E，V および n_i を固有な独立変数とするエントロピー $S(E, V, n_1, \cdots, n_r)$ と同様に，基本関係式である。一方，Helmholtz エネルギー F の全微分 dF は，次式のように表される。

$$dF = \left(\frac{\partial F}{\partial T}\right)_{V, n_i} dT + \left(\frac{\partial F}{\partial V}\right)_{T, n_i} dV + \sum_{i=1}^{r} \left(\frac{\partial F}{\partial n_i}\right)_{T, V, n_{j(j\neq i)}} dn_i \tag{3.25}$$

式 (3.24) および式 (3.25) の対応する項を比較すると，以下の関係が導出される。

$$S \equiv -\left(\frac{\partial F}{\partial T}\right)_{V, n_i} \tag{3.26a}$$

$$P \equiv -\left(\frac{\partial F}{\partial V}\right)_{T, n_i} \tag{3.26b}$$

$$\mu_i \equiv \left(\frac{\partial F}{\partial n_i}\right)_{T, V, n_{j(j\neq i)}} \tag{3.26c}$$

式 (3.26a)〜(3.26c) は，基本関係式 $F(T, V, n_1, ..., n_r)$ に基づくエントロピー S，圧力 P および成分 i の化学ポテンシャル μ_i の定義式と見なすことができる。式 (1.17) に対する式 (1.19)〜(1.21) や式 (1.26) に対する式 (1.28a)〜(1.28c) と同様に，式 (3.22) に対する式 (3.26a)〜(3.26c) は状態方程式である。また，式 (3.26a)〜(3.26c) の状態方程式の独立変数は，基本関係式 $F(T, V, n_1, ..., n_r)$ と同様に，T，V および n_i である。すなわち，式 (1.21) や式 (1.19) で定義される P や μ_i の独立変数は S，V および n_i であるが，式 (3.26b) や式 (3.26c) で定義される P や μ_i の独立変数は T，V および n_i であるという違いがある。また，式 (3.26a) で定義されるエントロピー S の独立変数も T，V および n_i であるが，式 (1.26) に示す基本関係式のエントロピー S の独立変数は E，V および n_i となっている。E，V および n_i を固有な独立変数とする基本関係式のエントロピー S は，式 (1.28a)〜(1.28c) の状態方程式を導出するための完全な熱力学的情報を有している。しかし，T，V および n_i を独立変数とするエントロピー S は，基本関係式である Helmholtz エネルギー F から導出される状態方程式の一つにすぎず，基本関係式 S と同等な熱力学的情報を有しているわけではない。このように，同じ名称の熱力学量であっても，独立変数の種類に依存して基本関係式であるか状態方程式であるかが決まり，所有する熱力学的情報の完全性に差異が現れることになる。

　ところで，統計力学では，温度 T，体積 V および成分 i のモル数 n_i の所与の値に対する**正準集合**（canonical ensemble）において，正準集合の**分配関数**

（partition function）を評価することにより，平衡状態における式 (3.22) の
Helmholtz エネルギー F の具体的な数学関数を解析的に導出することができ
る。このような統計力学の手法によって導出される数学関数の独立変数は，熱
力学におけると同様に，T，V および n_i である。また，式 (3.22) の解析的な
数学関数が知られると，式 (3.26a)〜(3.26c) を用いて，エントロピー S，圧力
P および成分 i の化学ポテンシャル μ_i の値を求めることができる。このよう
に，式 (3.22) のルジャンドル変換によって定義される Helmholtz エネルギー
$F(T, V, n_1, ..., n_r)$ は，式 (1.26) のエントロピー $S(E, V, n_1, ..., n_r)$ と同様に，
熱力学と統計力学を結び付ける役割を担う重要な基本関係式である。

　式 (3.22) とは逆に，Helmholtz エネルギー $F(T, V, n_1, ..., n_r)$ の独立変数の
うち，温度 T をエントロピー S に置き換える次式のようなルジャンドル変換
を考える。

$$Z(S, V, n_1, ..., n_r) \equiv F(T, V, n_1, ..., n_r) - \left\{ \frac{\partial F(T, V, n_1, ..., n_r)}{\partial T} \right\}_{V, n_i} T$$

$$= F - (-S)T = F + TS \qquad (3.27)$$

式 (3.27) では，エントロピー S の定義を表す式 (3.26a) を用いている。式 (3.27)
に式 (3.22) の関係を代入すると，次式が得られる。

$$Z = F + TS = (E - TS) + TS = E \qquad (3.28)$$

すなわち，式 (3.27) のルジャンドル変換によって得られる関数 $Z(S, V, n_1, ..., n_r)$
は，内部エネルギー $E(S, V, n_1, ..., n_r)$ に他ならない。このように，式 (3.22) の
ルジャンドル変換で求めた Helmholtz エネルギー $F(T, V, n_1, ..., n_r)$ を式 (3.27)
によってさらにルジャンドル変換すると，熱力学的情報が一切欠落することな
く，元の内部エネルギー $E(S, V, n_1, ..., n_r)$ を導出することができる。このこと
は，Helmholtz エネルギー $F(T, V, n_1, ..., n_r)$ が基本関係式であることを保証し
ている。

　式 (3.22) の最右辺に式 (2.30) を代入すると，次式が得られる。

$$F = E - TS = \left(TS - PV + \sum_{i=1}^{r} \mu_i n_i \right) - TS = -PV + \sum_{i=1}^{r} \mu_i n_i \quad (3.29)$$

式 (3.29) は，平衡状態における Helmholtz エネルギー F に対する Euler の一次形式である。式 (3.29) の最左辺と最右辺を微分すると，次式が導出される。

$$\mathrm{d}F = -P\mathrm{d}V - V\mathrm{d}P + \sum_{i=1}^{r} \mu_i \mathrm{d}n_i + \sum_{i=1}^{r} n_i \mathrm{d}\mu_i \tag{3.30}$$

式 (3.24) および式 (3.30) を比較すると，以下の関係が成立する。

$$S\mathrm{d}T - V\mathrm{d}P + \sum_{i=1}^{r} n_i \mathrm{d}\mu_i = 0 \tag{3.31}$$

式 (2.34) と同様に，式 (3.31) は Gibbs-Duhem の関係式を表している。このように，任意の基本関係式に対し，「可逆過程における第一法則と第二法則の結合形」と「平衡状態における Euler の一次形式の微分」を比較すると，平衡状態における示強変数の間の従属関係を表す Gibbs-Duhem の関係式が得られる。

3.3　エンタルピー

3.2 節とは異なり，内部エネルギーに対する基本関係式 $E(S, V, n_1, ..., n_r)$ の独立変数のうち，示量変数の体積 V を共役な示強変数の圧力 P に置き換えるルジャンドル変換を考える。このルジャンドル変換によって得られる新しい関数を H とする。なお，圧力 P は，式 (1.21) に示したように，次式のように定義される。

$$P \equiv -\left(\frac{\partial E}{\partial V}\right)_{S, n_i} \tag{3.32}$$

式 (3.32) の定義を用いると，上述のルジャンドル変換は，次式のように表される。

$$H(S, P, n_1, ..., n_r) \equiv E(S, V, n_1, ..., n_r) - \left\{\frac{\partial E(S, V, n_1, ..., n_r)}{\partial V}\right\}_{S, n_i} V$$

$$= E - (-P)V = E + PV \tag{3.33}$$

式 (3.33) のルジャンドル変換によって定義される新しい熱力学関数 H を**エンタルピー**（enthalpy）と呼ぶ。前述のように，内部エネルギー E の固有な独立変数のエントロピー S，体積 V および成分 i のモル数 n_i はすべて示量変数

であるが,エンタルピー H では,体積 V が共役な示強変数の圧力 P に置き換わっている.式 (3.33) の最左辺と最右辺を微分すると,次式が得られる.

$$dH = dE + PdV + VdP \tag{3.34}$$

式 (3.34) に式 (1.22) を代入すると,次式が導出される.

$$dH = \left(TdS - PdV + \sum_{i=1}^{r} \mu_i dn_i \right) + PdV + VdP$$

$$= TdS + VdP + \sum_{i=1}^{r} \mu_i dn_i \tag{3.35}$$

式 (3.35) は,可逆過程におけるエンタルピー H に対する第一法則と第二法則の結合形である.式 (3.35) の最右辺において微分演算子の作用する変数の種類に注目すると,エンタルピー H の固有な独立変数がエントロピー S,圧力 P および成分 i のモル数 n_i であることが知られ,式 (3.33) のルジャンドル変換によって体積 V が圧力 P に置き換わっていることを確認できる.S,P および n_i を固有な独立変数とするエンタルピー $H(S, P, n_1, ..., n_r)$ は,S,V および n_i を固有な独立変数とする内部エネルギー $E(S, V, n_1, ..., n_r)$ や E,V および n_i を固有な独立変数とするエントロピー $S(E, V, n_1, ..., n_r)$ と同様に,基本関係式である.一方,エンタルピー H の全微分 dH は,次式のように表される.

$$dH = \left(\frac{\partial H}{\partial S} \right)_{P, n_i} dS + \left(\frac{\partial H}{\partial P} \right)_{S, n_i} dP + \sum_{i=1}^{r} \left(\frac{\partial H}{\partial n_i} \right)_{S, P, n_{j \neq i}} dn_i \tag{3.36}$$

式 (3.35) および式 (3.36) の対応する項を比較すると,以下の関係が成立する.

$$T \equiv \left(\frac{\partial H}{\partial S} \right)_{P, n_i} \tag{3.37a}$$

$$V \equiv \left(\frac{\partial H}{\partial P} \right)_{S, n_i} \tag{3.37b}$$

$$\mu_i \equiv \left(\frac{\partial H}{\partial n_i} \right)_{S, P, n_{j \neq i}} \tag{3.37c}$$

式 (3.37a)〜(3.37c) は,基本関係式 $H(S, P, n_1, ..., n_r)$ に基づく温度 T,体積 V および成分 i の化学ポテンシャル μ_i の定義式と見なすことができる.前述の種々の基本関係式に対する状態方程式と同様に,式 (3.33) に対する式 (3.37a) 〜(3.37c) も状態方程式である.また,式 (3.37a)〜(3.37c) の状態方程

式の独立変数は，基本関係式 $H(S, P, n_1, ..., n_r)$ と同様に，S，P および n_i である。すなわち，式 (1.20) や式 (1.19) で定義される T や μ_i の独立変数は S，V および n_i であるが，式 (3.37a) や式 (3.37c) で定義される T や μ_i の独立変数は S，P および n_i である。このように，同じ名称の示強変数であっても，導出の元となる基本関係式の種類に依存して，独立変数の組合せが変化する。

式 (3.33) とは逆に，エンタルピー $H(S, P, n_1, ..., n_r)$ の独立変数のうち，圧力 P を体積 V に置き換える次式のようなルジャンドル変換を考える。

$$Z(S, V, n_1, ..., n_r) \equiv H(S, P, n_1, ..., n_r) - \left\{ \frac{\partial H(S, P, n_1, ..., n_r)}{\partial P} \right\}_{S, n_i} P$$
$$= H - VP \tag{3.38}$$

式 (3.38) では，体積 V の定義を表す式 (3.37b) を用いている。式 (3.38) に式 (3.33) の関係を代入すると，次式が得られる。

$$Z = H - PV = (E + PV) - PV = E \tag{3.39}$$

式 (3.39) によると，式 (3.38) のルジャンドル変換によって得られる関数 $Z(S, V, n_1, ..., n_r)$ は，内部エネルギー $E(S, V, n_1, ..., n_r)$ である。このように，式 (3.33) のルジャンドル変換で導出されるエンタルピー $H(S, P, n_1, ..., n_r)$ を式 (3.38) によってさらにルジャンドル変換すると，熱力学的情報を一切失うことなく，元の内部エネルギー $E(S, V, n_1, ..., n_r)$ を求めることができる。このことより，エンタルピー $H(S, P, n_1, ..., n_r)$ が基本関係式であるものと確認される。

式 (3.33) の最右辺に式 (2.30) を代入すると，次式が得られる。

$$H = E + PV = \left(TS - PV + \sum_{i=1}^{r} \mu_i n_i \right) + PV = TS + \sum_{i=1}^{r} \mu_i n_i \tag{3.40}$$

式 (3.40) は，平衡状態におけるエンタルピー H に対する Euler の一次形式である。式 (3.40) の最左辺と最右辺を微分すると，次式が導出される。

$$\mathrm{d}H = T\mathrm{d}S + S\mathrm{d}T + \sum_{i=1}^{r} \mu_i \mathrm{d}n_i + \sum_{i=1}^{r} n_i \mathrm{d}\mu_i \tag{3.41}$$

式 (3.35) および式 (3.41) を比較すると，以下の関係が成立する。

$$SdT - VdP + \sum_{i=1}^{r} n_i d\mu_i = 0 \tag{3.42}$$

式 (2.34) および式 (3.31) と同様に，式 (3.42) は Gibbs-Duhem の関係式を表している。内部エネルギー E や Helmholtz エネルギー F のように，エンタルピー H に対し，「可逆過程における第一法則と第二法則の結合形」と「平衡状態における Euler の一次形式の微分」を比較することにより，Gibbs-Duhem の関係式を導出することができる。

3.4 Gibbs エネルギー

3.2 節および 3.3 節では，内部エネルギーに対する基本関係式 $E(S, V, n_1, ..., n_r)$ の独立変数のうち，示量変数であるエントロピー S あるいは体積 V のどちらか一方をそれぞれ共役な示強変数である温度 T あるいは圧力 P に置き換えるルジャンドル変換を行った。本節では，S および V の両方をそれぞれ T および P に置き換えるルジャンドル変換を考える。このルジャンドル変換で得られる新しい関数を G とする。ここで，温度 T および圧力 P は，式 (1.20) および式 (1.21) に示したように，以下のように定義される。

$$T \equiv \left(\frac{\partial E}{\partial S} \right)_{V, n_i} \tag{3.43a}$$

$$P \equiv -\left(\frac{\partial E}{\partial V} \right)_{S, n_i} \tag{3.43b}$$

式 (3.43a) および式 (3.43b) を用いると，上述のルジャンドル変換は，次式のように表される。

$$\begin{aligned}
G(T, P, n_1, ..., n_r) &\equiv E(S, V, n_1, ..., n_r) - \left\{ \frac{\partial E(S, V, n_1, ..., n_r)}{\partial S} \right\}_{V, n_i} S \\
&\quad - \left\{ \frac{\partial E(S, V, n_1, ..., n_r)}{\partial V} \right\}_{S, n_i} V \\
&= E - TS - (-P)V = E - TS + PV \tag{3.44}
\end{aligned}$$

式 (3.44) のルジャンドル変換によって定義される新しい熱力学関数 G を

Gibbs エネルギー（Gibbs energy）と呼ぶ。なお，この呼称は，米国の数学者・物理学者である Josiah Willard Gibbs（1839 年〜1903 年）に由来する。前述のように，内部エネルギー E の固有な独立変数のエントロピー S，体積 V および成分 i のモル数 n_i はすべて示量変数であるが，Gibbs エネルギー G では，エントロピー S および体積 V がそれぞれ共役な示強変数の温度 T および圧力 P に置き換わっている。式 (3.44) の最左辺と最右辺を微分すると，次式が得られる。

$$dG = dE - TdS - SdT + PdV + VdP \tag{3.45}$$

式 (3.45) に式 (1.22) を代入すると，次式が導出される。

$$dG = \left(TdS - PdV + \sum_{i=1}^{r} \mu_i dn_i \right) - TdS - SdT + PdV + VdP$$

$$= -SdT + VdP + \sum_{i=1}^{r} \mu_i dn_i \tag{3.46}$$

式 (3.46) は，可逆過程における Gibbs エネルギー G に対する第一法則と第二法則の結合形である。式 (3.46) の最右辺において微分演算子の作用する変数の種類に注目すると，Gibbs エネルギー G の固有な独立変数が温度 T，圧力 P および成分 i のモル数 n_i であることが知られる。このことより，式 (3.44) のルジャンドル変換によって，エントロピー S および体積 V がそれぞれ温度 T および圧力 P に置き換わっていることが確認される。T，P および n_i を固有な独立変数とする Gibbs エネルギー $G(T, P, n_1, ..., n_r)$ は，前述の内部エネルギー $E(S, V, n_1, ..., n_r)$，エントロピー $S(E, V, n_1, ..., n_r)$，Helmholtz エネルギー $F(T, V, n_1, ..., n_r)$ およびエンタルピー $H(S, P, n_1, ..., n_r)$ と同様に，基本関係式である。一方，Gibbs エネルギー G の全微分 dG は，次式のように表される。

$$dG = \left(\frac{\partial G}{\partial T} \right)_{P, n_i} dT + \left(\frac{\partial G}{\partial P} \right)_{T, n_i} dP + \sum_{i=1}^{r} \left(\frac{\partial G}{\partial n_i} \right)_{T, P, n_{j \neq i}} dn_i \tag{3.47}$$

式 (3.46) および式 (3.47) の対応する項を比較すると，以下の関係が成立する。

$$S \equiv -\left(\frac{\partial G}{\partial T} \right)_{P, n_i} \tag{3.48a}$$

$$V \equiv \left(\frac{\partial G}{\partial P} \right)_{T,\,n_i} \tag{3.48b}$$

$$\mu_i \equiv \left(\frac{\partial G}{\partial n_i} \right)_{T,\,P,\,n_{j \neq 0}} \tag{3.48c}$$

式 (3.48a)〜(3.48c) は，Gibbs エネルギー $G(T, P, n_1, ..., n_r)$ に基づくエント
ロピー S，体積 V および成分 i の化学ポテンシャル μ_i の定義式であり，式 (3.44)
の基本関係式に対する状態方程式である。また，これらの状態方程式の独立変
数は，基本関係式 $G(T, P, n_1, ..., n_r)$ と同様に，T，P および n_i である。3.1 節
で述べたように，大気圧下で行う通常の実験では，エントロピー S や体積 V な
どの示量変数よりも温度 T や圧力 P などの示強変数を制御するほうがはるかに
容易である。このため，Gibbs エネルギー $G(T, P, n_1, ..., n_r)$ は，内部エネルギー
$E(S, V, n_1, ..., n_r)$ よりも実験科学との整合性の高い基本関係式であるといえる。

式 (3.44) とは逆に，Gibbs エネルギー $G(T, P, n_1, ..., n_r)$ の独立変数のうち，
温度 T および圧力 P をそれぞれエントロピー S および体積 V に置き換える次
式のようなルジャンドル変換を考える。

$$\begin{aligned}
Z(S, V, n_1, ..., n_r) &\equiv G(T, P, n_1, ..., n_r) - \left\{ \frac{\partial G(T, P, n_1, ..., n_r)}{\partial T} \right\}_{P,\,n_i} T \\
&\quad - \left\{ \frac{\partial G(T, P, n_1, ..., n_r)}{\partial P} \right\}_{T,\,n_i} P \\
&= G - (-S)T - VP = G + TS - PV \tag{3.49}
\end{aligned}$$

式 (3.49) では，エントロピー S および体積 V の定義を表す式 (3.48a) および
式 (3.48b) を用いている。式 (3.49) に式 (3.44) の関係を代入すると，次式が
得られる。

$$Z = G + TS - PV = (E - TS + PV) + TS - PV = E \tag{3.50}$$

式 (3.50) から知られるように，式 (3.49) のルジャンドル変換によって得られ
る関数 $Z(S, V, n_1, ..., n_r)$ は，内部エネルギー $E(S, V, n_1, ..., n_r)$ である。この
ように，式 (3.44) のルジャンドル変換により導出した Gibbs エネルギー
$G(T, P, n_1, ..., n_r)$ を式 (3.49) によってさらにルジャンドル変換すると，熱力
学的情報が一切欠落することなく，元の内部エネルギー $E(S, V, n_1, ..., n_r)$ を

求めることができる。このことは，Gibbs エネルギー $G(T, P, n_1, ..., n_r)$ が基本関係式であることの証となっている。

式 (3.44) の最右辺に式 (2.30) を代入すると，次式が導出される。

$$G = E - TS + PV = \left(TS - PV + \sum_{i=1}^{r} \mu_i n_i \right) - TS + PV = \sum_{i=1}^{r} \mu_i n_i \tag{3.51}$$

式 (3.51) は，平衡状態における Gibbs エネルギー G に対する Euler の一次形式である。式 (3.51) の最左辺と最右辺を微分すると，次式が得られる。

$$\mathrm{d}G = \sum_{i=1}^{r} \mu_i \mathrm{d}n_i + \sum_{i=1}^{r} n_i \mathrm{d}\mu_i \tag{3.52}$$

式 (3.46) および式 (3.52) を比較すると，以下の関係が成立する。

$$S\mathrm{d}T - V\mathrm{d}P + \sum_{i=1}^{r} n_i \mathrm{d}\mu_i = 0 \tag{3.53}$$

式 (2.34)，(3.31) および (3.42) と同様に，式 (3.53) は Gibbs-Duhem の関係式を表している。一方，**部分モル Gibbs エネルギー**（partial molar Gibbs energy）G_i を用いると，Gibbs エネルギー G は次式のように記述される。

$$G = \sum_{i=1}^{r} G_i n_i \tag{3.54}$$

式 (3.51) および式 (3.54) の比較より，次式が得られる。

$$G_i = \mu_i \tag{3.55}$$

式 (3.55) から知られるように，部分モル Gibbs エネルギー G_i は化学ポテンシャル μ_i に対応している。すなわち，化学ポテンシャル μ_i は，Gibbs エネルギー G と最も整合性の高い示強変数である。このため，部分モル Gibbs エネルギーの記号を用いて化学ポテンシャルを G_i と表すこともある。

3.2 節で述べたように，統計力学では，温度 T，体積 V および成分 i のモル数 n_i の所与の値に対する正準集合において，正準集合の分配関数を評価することにより，平衡状態における Helmholtz エネルギー F の解析的な数学関数を導出することができる。このような統計力学の手法で導出される数学関数 $F(T, V, n_1, ..., n_r)$ の独立変数のうち，体積 V を圧力 P に置き換える次式のル

ジャンドル変換を行うと，Gibbs エネルギー $G(T, P, n_1, ..., n_r)$ の数学関数を得ることができる。

$$
\begin{aligned}
G(T, P, n_1, ..., n_r) &\equiv F(T, V, n_1, ..., n_r) - \left\{ \frac{\partial F(T, V, n_1, ..., n_r)}{\partial V} \right\}_{T, n_i} V \\
&= F - (-P)V = F + PV
\end{aligned}
\tag{3.56}
$$

式 (3.56) では，圧力 P の定義を表す式 (3.26b) を用いている。すでに述べたように，Gibbs エネルギー $G(T, P, n_1, ..., n_r)$ は，実験科学との整合性の高い基本関係式である。これに対し，Helmholtz エネルギー $F(T, V, n_1, ..., n_r)$ は，統計力学の手法によって解析的な数学関数が得られる基本関係式である。このことより，式 (3.56) は，実験科学と統計力学を結び付ける重要なルジャンドル変換であるといえる。

3.5 グランドポテンシャル

3.4 節とは異なり，内部エネルギーに対する基本関係式 $E(S, V, n_1, ..., n_r)$ の固有な独立変数のうち，示量変数であるエントロピー S と成分 i のモル数 n_i を，それぞれ共役な示強変数である温度 T および成分 i の化学ポテンシャル μ_i に置き換えるルジャンドル変換を考える。このルジャンドル変換で得られる新しい関数を Ω とする。ここで，温度 T および成分 i の化学ポテンシャル μ_i は，式 (1.20) および式 (1.19) に示したように，以下のように定義される。

$$
T \equiv \left(\frac{\partial E}{\partial S} \right)_{V, n_i}
\tag{3.57a}
$$

$$
\mu_i \equiv \left(\frac{\partial E}{\partial n_i} \right)_{S, V, n_{j(j \neq i)}}
\tag{3.57b}
$$

式 (3.57a) および式 (3.57b) を用いると，上述のルジャンドル変換は，次式のように表される。

$$
\Omega(T, V, \mu_1, ..., \mu_r) \equiv E(S, V, n_1, ..., n_r) - \left\{ \frac{\partial E(S, V, n_1, ..., n_r)}{\partial S} \right\}_{V, n_i} S
$$

$$-\sum_{i=1}^{r}\left\{\frac{\partial E(S, V, n_1, ..., n_r)}{\partial n_i}\right\}_{S, V, n_{j(\neq i)}} n_i$$

$$= E - TS - \sum_{i=1}^{r}\mu_i n_i \tag{3.58}$$

式 (3.58) のルジャンドル変換によって定義される新しい熱力学関数 Ω を**グランドポテンシャル**（grand potential）と呼ぶ。前述のように，内部エネルギー E の固有な独立変数のエントロピー S，体積 V および成分 i のモル数 n_i はすべて示量変数であるが，グランドポテンシャル Ω では，エントロピー S および成分 i のモル数 n_i が，それぞれ共役な示強変数の温度 T および成分 i の化学ポテンシャル μ_i に置き換わっている。式 (3.58) の最左辺と最右辺を微分すると，次式が得られる。

$$\mathrm{d}\Omega = \mathrm{d}E - T\mathrm{d}S - S\mathrm{d}T - \sum_{i=1}^{r}\mu_i\mathrm{d}n_i - \sum_{i=1}^{r}n_i\mathrm{d}\mu_i \tag{3.59}$$

式 (3.59) に式 (1.22) を代入すると，次式が導出される。

$$\mathrm{d}\Omega = \left(T\mathrm{d}S - P\mathrm{d}V + \sum_{i=1}^{r}\mu_i\mathrm{d}n_i\right) - T\mathrm{d}S - S\mathrm{d}T - \sum_{i=1}^{r}\mu_i\mathrm{d}n_i - \sum_{i=1}^{r}n_i\mathrm{d}\mu_i$$

$$= -S\mathrm{d}T - P\mathrm{d}V - \sum_{i=1}^{r}n_i\mathrm{d}\mu_i \tag{3.60}$$

式 (3.60) は，可逆過程におけるグランドポテンシャル Ω に対する第一法則と第二法則の結合形である。式 (3.60) の最右辺において微分演算子の作用する変数の種類に注目すると，グランドポテンシャル Ω の固有な独立変数が温度 T，体積 V および成分 i の化学ポテンシャル μ_i であることが知られる。このことより，式 (3.58) のルジャンドル変換によって，エントロピー S および成分 i のモル数 n_i が，それぞれ温度 T および成分 i の化学ポテンシャル μ_i に置き換わっていることが確認される。T，V および μ_i を固有な独立変数とするグランドポテンシャル $\Omega(T, V, \mu_1, ..., \mu_r)$ は，前述の内部エネルギー $E(S, V, n_1, ..., n_r)$，エントロピー $S(E, V, n_1, ..., n_r)$，Helmholtz エネルギー $F(T, V, n_1, ..., n_r)$，エンタルピー $H(S, P, n_1, ..., n_r)$ および Gibbs エネルギー $G(T, P, n_1, ..., n_r)$ と同様に，基本関係式である。一方，グランドポテンシャル $\Omega(T, V, \mu_1, ..., \mu_r)$ の全

微分 $\mathrm{d}\Omega$ は，次式のように表される。

$$\mathrm{d}\Omega = \left(\frac{\partial\Omega}{\partial T}\right)_{V,\mu_i}\mathrm{d}T + \left(\frac{\partial\Omega}{\partial V}\right)_{T,\mu_i}\mathrm{d}V + \sum_{i=1}^{r}\left(\frac{\partial\Omega}{\partial\mu_i}\right)_{T,V,\mu_{j\neq i}}\mathrm{d}\mu_i \tag{3.61}$$

式 (3.60) および式 (3.61) の対応する項を比較すると，以下の関係が成立する。

$$S \equiv -\left(\frac{\partial\Omega}{\partial T}\right)_{V,\mu_i} \tag{3.62a}$$

$$P \equiv -\left(\frac{\partial\Omega}{\partial V}\right)_{T,\mu_i} \tag{3.62b}$$

$$n_i \equiv -\left(\frac{\partial\Omega}{\partial\mu_i}\right)_{T,V,\mu_{j\neq i}} \tag{3.62c}$$

式 (3.62a)～(3.62c) は，グランドポテンシャル $\Omega(T, V, \mu_1, ..., \mu_r)$ に基づくエントロピー S，圧力 P および成分 i のモル数 n_i の定義式であり，式 (3.58) の基本関係式に対する状態方程式である。これらの状態方程式の独立変数は，基本関係式 $\Omega(T, V, \mu_1, ..., \mu_r)$ と同様に，T，V および μ_i である。

ところで，統計力学では，温度 T，体積 V および成分 i の化学ポテンシャル μ_i の所与の値に対する**大正準集合**（grand canonical ensemble）において，大正準集合の**大分配関数**（grand partition function）を評価することにより，平衡状態における式 (3.58) のグランドポテンシャル Ω の具体的な数学関数を解析的に導出することができる。このため，グランドポテンシャルを**グランドカノニカルポテンシャル**（grand canonical potential）と呼ぶこともある。このような統計力学の手法によって導出される数学関数の独立変数は，熱力学におけると同様に，T，V および μ_i である。また，式 (3.58) の解析的な数学関数が知られると，式 (3.62a)～(3.62c) を用いて，エントロピー S，圧力 P および成分 i のモル数 n_i の値を求めることができる。このように，式 (3.58) のルジャンドル変換によって定義されるグランドポテンシャル $\Omega(T, V, \mu_1, ..., \mu_r)$ は，式 (1.26) のエントロピー $S(E, V, n_1, ..., n_r)$ や式 (3.22) の Helmholtz エネルギー $F(T, V, n_1, ..., n_r)$ と同様に，熱力学と統計力学を結び付ける役割を担う重要な基本関係式である。

式 (3.58) とは逆に，グランドポテンシャル $\Omega(T, V, \mu_1, ..., \mu_r)$ の固有な独立

変数のうち，温度 T および成分 i の化学ポテンシャル μ_i を，それぞれエント
ロピー S および成分 i のモル数 n_i に置き換える次式のようなルジャンドル変
換を考える。

$$
\begin{aligned}
Z(S, V, n_1, ..., n_r) &\equiv \Omega(T, V, \mu_1, ..., \mu_r) - \left\{ \frac{\partial \Omega(T, V, \mu_1, ..., \mu_r)}{\partial T} \right\}_{V, \mu_i} T \\
&\quad - \sum_{i=1}^{r} \left\{ \frac{\partial \Omega(T, V, \mu_1, ..., \mu_r)}{\partial \mu_i} \right\}_{T, V, \mu_{j(i \neq i)}} \mu_i \\
&= \Omega - (-S)T - \sum_{i=1}^{r} (-n_i)\mu_i = \Omega + TS + \sum_{i=1}^{r} \mu_i n_i
\end{aligned}
$$

$$(3.63)$$

式 (3.63) では，エントロピー S および成分 i のモル数 n_i の定義を表す式 (3.62a)
および式 (3.62c) を用いている。式 (3.63) に式 (3.58) を代入すると，次式が
得られる。

$$
Z = \left(E - TS - \sum_{i=1}^{r} \mu_i n_i \right) + TS + \sum_{i=1}^{r} \mu_i n_i = E \tag{3.64}
$$

式 (3.64) に示すように，式 (3.63) のルジャンドル変換によって得られる関数
$Z(S, V, n_1, ..., n_r)$ は，内部エネルギー $E(S, V, n_1, ..., n_r)$ である。このように，
式 (3.58) のルジャンドル変換によって導出したグランドポテンシャル $\Omega(T, V,$
$\mu_1, ..., \mu_r)$ を式 (3.63) によりさらにルジャンドル変換すると，熱力学的情報を
一切失うことなく，元の内部エネルギー $E(S, V, n_1, ..., n_r)$ を求めることができ
る。このことは，グランドポテンシャル $\Omega(T, V, \mu_1, ..., \mu_r)$ が基本関係式であ
ることを保証している。

　式 (3.58) の最右辺に式 (2.30) を代入すると，次式が導出される。

$$
\Omega = \left(TS - PV + \sum_{i=1}^{r} \mu_i n_i \right) - TS - \sum_{i=1}^{r} \mu_i n_i = -PV \tag{3.65}
$$

式 (3.65) は，平衡状態におけるグランドポテンシャル Ω に対する Euler の一
次形式である。ここで，体積 V および圧力 P は，それぞれ絶対値を有する示
量変数および示強変数である。このことより，内部エネルギー E，エントロ
ピー S，エンタルピー H，Helmholtz エネルギー F および Gibbs エネルギー G

とは異なり，グランドポテンシャル Ω は熱力学的な絶対値を有する基本関係
式であることが知られる。式 (3.65) の最左辺と最右辺を微分すると，次式が
得られる。

$$\mathrm{d}\Omega = -P\mathrm{d}V - V\mathrm{d}P \tag{3.66}$$

式 (3.60) および式 (3.66) を比較すると，以下の関係が成立する。

$$S\mathrm{d}T - V\mathrm{d}P + \sum_{i=1}^{r} n_i \mathrm{d}\mu_i = 0 \tag{3.67}$$

式 (2.34)，(3.31)，(3.42) および (3.53) と同様に，式 (3.67) は Gibbs-Duhem
の関係式を表している。

前述のように，統計力学では，温度 T，体積 V および成分 i の化学ポテン
シャル μ_i の所与の値に対する大正準集合において，大正準集合の大分配関数を
評価することにより，平衡状態におけるグランドポテンシャル Ω の解析的な数
学関数を導出することができる。このような統計力学の手法で導出される数学
関数 $\Omega(T, V, \mu_1, ..., \mu_r)$ の独立変数のうち，体積 V および成分 i の化学ポテン
シャル μ_i を，それぞれ圧力 P および成分 i のモル数 n_i に置き換える次式のル
ジャンドル変換を行うと，Gibbs エネルギー $G(T, P, n_1, ..., n_r)$ の数学関数を
得ることができる。

$$\begin{aligned}
G(T, P, n_1, ..., n_r) &\equiv \Omega(T, V, \mu_1, ..., \mu_r) - \left\{ \frac{\partial \Omega(T, V, \mu_1, ..., \mu_r)}{\partial V} \right\}_{T, \mu_i} V \\
&\quad - \sum_{i=1}^{r} \left\{ \frac{\partial \Omega(T, V, \mu_1, ..., \mu_r)}{\partial \mu_i} \right\}_{T, V, \mu_{j \neq i}} \mu_i \\
&= \Omega - (-P)V - \sum_{i=1}^{r} (-n_i)\mu_i = \Omega + PV + \sum_{i=1}^{r} \mu_i n_i
\end{aligned} \tag{3.68}$$

式 (3.68) では，圧力 P および成分 i のモル数 n_i の定義を表す式 (3.62b) およ
び式 (3.62c) を用いている。3.4 節で述べたように，Gibbs エネルギー $G(T, P,$
$n_1, ..., n_r)$ は，実験科学との整合性の高い基本関係式である。これに対し，グ
ランドポテンシャル $\Omega(T, V, \mu_1, ..., \mu_r)$ は，エントロピー $S(E, V, n_1, ..., n_r)$ や
Helmholtz エネルギー $F(T, V, n_1, ..., n_r)$ と同様に，統計力学の手法によって

解析的な数学関数が得られる基本関係式である。このことより，式 (3.56) と同様に，式 (3.68) は実験科学と統計力学を結び付ける重要なルジャンドル変換であるといえる。

3.6　ゼロポテンシャル

前述のように，内部エネルギーに対する基本関係式 $E(S, V, n_1, ..., n_r)$ の固有な独立変数であるエントロピー S，体積 V および成分 i のモル数 n_i は，すべて示量変数である。これらすべての示量変数を，共役な示強変数である温度 T，圧力 P および成分 i の化学ポテンシャル μ_i に置き換えるルジャンドル変換を考える。このルジャンドル変換で得られる新しい関数を O とする。ここで，温度 T，圧力 P および成分 i の化学ポテンシャル μ_i は，式 (1.20)，(1.21) および (1.19) に示したように，以下のように定義される。

$$T \equiv \left(\frac{\partial E}{\partial S} \right)_{V, n_i} \tag{3.69a}$$

$$P \equiv -\left(\frac{\partial E}{\partial V} \right)_{S, n_i} \tag{3.69b}$$

$$\mu_i \equiv \left(\frac{\partial E}{\partial n_i} \right)_{S, V, n_{j \neq i}} \tag{3.69c}$$

式 (3.69a)〜(3.69c) を用いると，上述のルジャンドル変換は，次式のように表される。

$$
\begin{aligned}
O(T, P, \mu_1, ..., \mu_r) &\equiv E(S, V, n_1, ..., n_r) - \left\{ \frac{\partial E(S, V, n_1, ..., n_r)}{\partial S} \right\}_{V, n_i} S \\
&\quad - \left\{ \frac{\partial E(S, V, n_1, ..., n_r)}{\partial V} \right\}_{S, n_i} V \\
&\quad - \sum_{i=1}^{r} \left\{ \frac{\partial E(S, V, n_1, \cdots, n_r)}{\partial n_i} \right\}_{S, V, n_{j \neq i}} n_i \\
&= E - TS - (-P)V - \sum_{i=1}^{r} \mu_i n_i
\end{aligned}
$$

$$= E - TS + PV - \sum_{i=1}^{r} \mu_i n_i \tag{3.70}$$

式 (3.70) のルジャンドル変換によって定義される新しい熱力学関数 O を**ゼロポテンシャル**（zero potential）と呼ぶ。前述のように，内部エネルギー E の固有な独立変数はエントロピー S，体積 V および成分 i のモル数 n_i であるが，ゼロポテンシャル O では，これらの示量変数がそれぞれ共役な示強変数である温度 T，圧力 P および成分 i の化学ポテンシャル μ_i に置き換わっている。式 (3.70) の最左辺と最右辺を微分すると，次式が得られる。

$$\mathrm{d}O = \mathrm{d}E - T\mathrm{d}S - S\mathrm{d}T + P\mathrm{d}V + V\mathrm{d}P - \sum_{i=1}^{r} \mu_i \mathrm{d}n_i - \sum_{i=1}^{r} n_i \mathrm{d}\mu_i \tag{3.71}$$

式 (3.71) に式 (1.22) を代入すると，次式が導出される。

$$\mathrm{d}O = \left(T\mathrm{d}S - P\mathrm{d}V + \sum_{i=1}^{r} \mu_i \mathrm{d}n_i \right) - T\mathrm{d}S - S\mathrm{d}T + P\mathrm{d}V + V\mathrm{d}P$$

$$- \sum_{i=1}^{r} \mu_i \mathrm{d}n_i - \sum_{i=1}^{r} n_i \mathrm{d}\mu_i$$

$$= -S\mathrm{d}T + V\mathrm{d}P - \sum_{i=1}^{r} n_i \mathrm{d}\mu_i \tag{3.72}$$

式 (3.72) は，可逆過程におけるゼロポテンシャル O に対する第一法則と第二法則の結合形である。式 (3.72) の最右辺において微分演算子の作用する変数の種類に注目すると，ゼロポテンシャル O の固有な独立変数が温度 T，圧力 P および成分 i の化学ポテンシャル μ_i であることが知られる。このことより，式 (3.70) のルジャンドル変換によって，エントロピー S，体積 V および成分 i のモル数 n_i が，それぞれ温度 T，圧力 P および成分 i の化学ポテンシャル μ_i に置き換わっていることが確認される。T，P および μ_i を固有な独立変数とするゼロポテンシャル $O(T, P, \mu_1, ..., \mu_r)$ は，前述の内部エネルギー $E(S, V, n_1, ..., n_r)$，エントロピー $S(E, V, n_1, ..., n_r)$，Helmholtz エネルギー $F(T, V, n_1, ..., n_r)$，エンタルピー $H(S, P, n_1, ..., n_r)$，Gibbs エネルギー $G(T, P, n_1, ..., n_r)$ およびグランドポテンシャル $\Omega(T, V, \mu_1, ..., \mu_r)$ と同様に，基本関係式である。一方，ゼロポテンシャル $O(T, P, \mu_1, ..., \mu_r)$ の全微分 $\mathrm{d}O$ は，次式のように表される。

$$\mathrm{d}O = \left(\frac{\partial O}{\partial T}\right)_{P,\mu_i} \mathrm{d}T + \left(\frac{\partial O}{\partial P}\right)_{T,\mu_i} \mathrm{d}P + \sum_{i=1}^{r}\left(\frac{\partial O}{\partial \mu_i}\right)_{T,P,\mu_{j\neq i}} \mathrm{d}\mu_i \tag{3.73}$$

式 (3.72) および式 (3.73) の対応する項を比較すると，以下の関係が成立する。

$$S \equiv -\left(\frac{\partial O}{\partial T}\right)_{P,\mu_i} \tag{3.74a}$$

$$V \equiv \left(\frac{\partial O}{\partial P}\right)_{T,\mu_i} \tag{3.74b}$$

$$n_i \equiv -\left(\frac{\partial O}{\partial \mu_i}\right)_{T,P,\mu_{j\neq i}} \tag{3.74c}$$

式 (3.74a)〜(3.74c) は，ゼロポテンシャル $O(T,P,\mu_1,...,\mu_r)$ に基づくエントロピー S，体積 V および成分 i のモル数 n_i の定義式であり，式 (3.70) の基本関係式に対する状態方程式である。これらの状態方程式の独立変数は，基本関係式 $O(T,P,\mu_1,...,\mu_r)$ と同様に，T，P および μ_i である。

式 (3.70) とは逆に，ゼロポテンシャル $O(T,P,\mu_1,...,\mu_r)$ の固有な独立変数である温度 T，圧力 P および成分 i の化学ポテンシャル μ_i を，それぞれエントロピー S，体積 V および成分 i のモル数 n_i に置き換える次式のようなルジャンドル変換を考える。

$$\begin{aligned}
Z(S,V,n_1,...,n_r) &\equiv O(T,P,\mu_1,...,\mu_r) - \left\{\frac{\partial O(T,P,\mu_1,...,\mu_r)}{\partial T}\right\}_{P,\mu_i} T \\
&\quad - \left\{\frac{\partial O(T,P,\mu_1,...,\mu_r)}{\partial P}\right\}_{T,\mu_i} P \\
&\quad - \sum_{i=1}^{r}\left\{\frac{\partial O(T,P,\mu_1,...,\mu_r)}{\partial \mu_i}\right\}_{T,P,\mu_{j\neq i}} \mu_i \\
&= O - (-S)T - VP - \sum_{i=1}^{r}(-n_i)\mu_i \\
&= O + TS - PV + \sum_{i=1}^{r}\mu_i n_i
\end{aligned} \tag{3.75}$$

式 (3.75) では，エントロピー S，体積 V および成分 i のモル数 n_i の定義を表す式 (3.74a)〜(3.74c) を用いている。式 (3.75) に式 (3.70) を代入すると，次式が得られる。

$$Z = \left(E - TS + PV - \sum_{i=1}^{r} \mu_i n_i\right) + TS - PV + \sum_{i=1}^{r} \mu_i n_i = E \qquad (3.76)$$

すなわち，式 (3.75) のルジャンドル変換によって得られる関数 $Z(S, V, n_1, ..., n_r)$ は，内部エネルギー $E(S, V, n_1, ..., n_r)$ である。このように，式 (3.70) のルジャンドル変換によって導出したゼロポテンシャル $O(T, P, \mu_1, ..., \mu_r)$ を式 (3.75) によりさらにルジャンドル変換すると，熱力学的情報を一切失うことなく，元の内部エネルギー $E(S, V, n_1, ..., n_r)$ を求めることができる。このことは，ゼロポテンシャル $O(T, P, \mu_1, ..., \mu_r)$ が基本関係式であることの証である。

式 (3.70) の最右辺に式 (2.30) を代入すると，次式が導出される。

$$O = \left(TS - PV + \sum_{i=1}^{r} \mu_i n_i\right) - TS + PV - \sum_{i=1}^{r} \mu_i n_i = 0 \qquad (3.77)$$

式 (3.77) は，平衡状態におけるゼロポテンシャル O に対する Euler の一次形式である。すなわち，ゼロポテンシャル O の値は平衡状態において 0 となる。これが，基本関係式 $O(T, P, \mu_1, ..., \mu_r)$ をゼロポテンシャルと呼ぶ理由である。また，グランドポテンシャル Ω と同様に，ゼロポテンシャル O は熱力学的な絶対値を有する基本関係式である。式 (3.77) の最左辺と最右辺を微分すると，次式が得られる。

$$dO = 0 \qquad (3.78)$$

式 (3.78) の値を式 (3.72) に代入すると，以下の関係が成立する。

$$SdT - VdP + \sum_{i=1}^{r} n_i d\mu_i = 0 \qquad (3.79)$$

式 (2.34)，(3.31)，(3.42)，(3.53) および (3.67) と同様に，式 (3.79) は Gibbs-Duhem の関係式を表している。式 (3.77) および式 (3.78) に示したように，ゼロポテンシャルの値 O や微分 dO は，平衡状態において 0 となる。すなわち，Gibbs-Duhem の関係式は，平衡状態におけるゼロポテンシャル O に対する第一法則と第二法則の結合形に対応している。

【演 習】

3.2節〜3.6節では，式 (1.17) の内部エネルギー E に対するルジャンドル変換を行い，種々の基本関係式を求めた。この手法を式 (1.26) のエントロピー S に適用すると，これとは異なる基本関係式を導出することができる。このような基本関係式を導出せよ。

4

極値原理と可逆仕事

4.1 Helmholtz エネルギー

3章では，内部エネルギー E に対するルジャンドル変換によって導出される種々の基本関係式の熱力学的な性質について説明した。本章では，これらの性質を踏まえ，種々の基本関係式に対する**極値原理**（extremum principle）と**可逆仕事**（reversible work）について検討する。いま，体積が一定の物体が，**図4.1** に示すように恒温槽に覆われているものとする。ここで，**恒温槽**（constant temperature reservoir）は，物体との間で熱の移動が起こっても，温度が一定に保たれるような巨大な槽（reservoir）を表している。また，物体と同様に恒温槽の体積は一定であり，恒温槽と物体の間で物質の移動は起こらないものとする。このため，物体と恒温槽を合わせた複合体は，体積が一定に保たれる。また，複合体と外界の間で熱や物質の移動は起こらないものとする。すなわち，物体と恒温槽は定積系および閉鎖系であり，複合体は定積系，閉鎖系および断熱系である。

図4.1 恒温槽に覆われた物体

上述の束縛条件に対する平衡状態は，以下のように評価することができる。すなわち，物体の内部エネルギーを E とし，恒温槽の内部エネルギーを E^R とし，複合体の内部エネルギーを E^C とすると，式 (2.4a) および式 (2.4b) に示したように，平衡状態の複合体に対して以下の関係が成立する。

$$dE^C = d(E + E^R) = 0 \qquad (4.1a)$$

$$d^2E^C = d^2(E + E^R) > 0 \qquad (4.1b)$$

また，物体のエントロピーを S とし，恒温槽のエントロピーを S^R とし，複合体のエントロピーを S^C とすると，複合体と外界の間で熱の移動は起こらないので，式 (2.3a) および式 (2.7) に示したように，次式の関係が成り立つ。

$$dS^C = d(S + S^R) = dS + dS^R = 0 \qquad (4.2)$$

式 (4.2) に従い物体と恒温槽の間で熱の移動が起こるが，物体と恒温槽の体積は一定であり物質の移動は起こらないので，恒温槽の温度を T^R とすると，次式が得られる。

$$d(E + E^R) = dE + dE^R = dE + T^R dS^R \qquad (4.3)$$

ここで，物体の温度を T とすると，平衡状態では $T = T^R$ となるが，式 (4.2) より $dS^R = -dS$ であるので，T が一定であることを考慮し，式 (3.22) の関係を用いると，式 (4.3) の最右辺は次式のように変形される。

$$dE + T^R dS^R = dE + T(-dS) = dE - TdS = d(E - TS) = dF$$
$$(4.4)$$

式 (4.4) の F は，物体の Helmholtz エネルギーである。また，式 (4.3) および式 (4.4) の関係より，次式が導出される。

$$d^2(E + E^R) = d\{d(E + E^R)\} = d(dF) = d^2F \qquad (4.5)$$

式 (4.1a) および式 (4.1b) に式 (4.3)〜(4.5) を代入すると，以下の関係が成り立つ。

$$dF = 0 \qquad (4.6a)$$

$$d^2F > 0 \qquad (4.6b)$$

すなわち，恒温槽に覆われた温度が一定の定積系および閉鎖系の物体は，平衡状態において物体の Helmholtz エネルギーが最小になる。本節の束縛条件に

おける物体と恒温槽を合わせた複合体の平衡状態は，2.2節の方法を用いて評価することができる。しかし，2.2節の方法では，物体ばかりでなく，恒温槽に対する熱力学的な情報が必要である。これに対し，式 (4.6a) および式 (4.6b) の平衡条件によると，恒温槽の熱力学的な情報が不明であっても，物体の Helmholtz エネルギーに関する情報が整っていれば，本節の束縛条件における平衡状態を評価できることになる。

　ところで，図 4.1 に示すように，物体と恒温槽を合わせた複合体が，外界に対し可逆的な仕事 ΔW^{rev} を行ったとする。その際，複合体が断熱系であることを考慮すると，式 (1.1) より，次式が得られる。

$$\Delta W^{\mathrm{rev}} = -\mathrm{d}E^{\mathrm{C}} = -\mathrm{d}(E + E^{\mathrm{R}}) \tag{4.7}$$

式 (4.7) の最右辺に式 (4.3) および式 (4.4) の関係を代入すると，次式が導出される。

$$\Delta W^{\mathrm{rev}} = -\mathrm{d}F \tag{4.8}$$

式 (4.8) の $\mathrm{d}F$ は，上述の可逆的な仕事に対する物体の Helmholtz エネルギー変化であり，負の値である。また，可逆仕事 ΔW^{rev} は，物体から取り出すことのできる最大仕事に対応する。このことより，温度が一定の定積系および閉鎖系の物体から取り出すことのできる最大仕事は，可逆過程における物体の Helmholtz エネルギー変化の絶対値に等しいものと結論される。

4.2　エンタルピー

　4.1 節では，恒温槽に覆われた物体に対する平衡状態と最大仕事について述べた。本節では，これとは異なる束縛条件における平衡状態と最大仕事について検討する。すなわち，図 4.2 に示すように，物体が恒圧槽に覆われているものとする。ここで，恒圧槽（constant pressure reservoir）は，物体の体積が変化しても，圧力が一定に保たれるような巨大な槽を表している。また，物体と恒圧槽の間で熱や物質の移動は起こらず，物体と恒圧槽を合わせた複合体の体積は一定に保たれるものとする。さらに，4.1 節と同様に，複合体と外界の間

図 4.2　恒圧槽に覆われた物体

で熱や物質の移動は起こらないものとする。すなわち，物体と恒圧槽は閉鎖系および断熱系であり，複合体は閉鎖系，断熱系および定積系である。

上記の束縛条件に対する複合体では，4.1 節におけると同様に，平衡状態において式 (4.1a) および式 (4.1b) が成り立つ。また，物体の体積を V とし，恒圧槽の体積を V^R とし，複合体の体積を V^C とすると，複合体の体積は一定に保たれるので，式 (2.3b) および式 (2.15b) に示したように，次式の関係が成り立つ。

$$dV^C = d(V + V^R) = dV + dV^R = 0 \tag{4.9}$$

式 (4.9) に従い物体と恒圧槽の体積は変化するが，物体と恒圧槽の間で熱や物質の移動は起こらないので，恒圧槽の圧力を P^R とすると，次式が得られる。

$$d(E + E^R) = dE + dE^R = dE + (-P^R dV^R) = dE - P^R dV^R \tag{4.10}$$

ここで，物体の圧力を P とすると，平衡状態では $P = P^R$ となるが，式 (4.9) より $dV^R = -dV$ であるので，P が一定であることを考慮し，式 (3.33) の関係を用いると，式 (4.10) の最右辺は次式のように変形される。

$$dE - P^R dV^R = dE - P(-dV) = dE + PdV = d(E + PV) = dH \tag{4.11}$$

式 (4.11) の H は，物体のエンタルピーである。また，式 (4.10) および式 (4.11) の関係より，次式が導出される。

$$d^2(E + E^R) = d\{d(E + E^R)\} = d(dH) = d^2H \tag{4.12}$$

式 (4.1a) および式 (4.1b) に式 (4.10)〜(4.12) を代入すると，以下の関係が成り立つ。

$$dH = 0 \tag{4.13a}$$

$$d^2 H > 0 \tag{4.13b}$$

　すなわち，恒圧槽に覆われた圧力が一定の断熱系および閉鎖系の物体は，平衡状態において物体のエンタルピーが最小になる。4.1節で述べたように，物体と恒圧槽を合わせた複合体の平衡状態は式 (4.1a) および式 (4.1b) を用いて評価できるが，物体と恒圧槽の両方の熱力学的な情報が必要となる。これに対し，式 (4.13a) および式 (4.13b) の熱力学平衡条件を用いると，恒圧槽の熱力学的な情報が不明であっても，物体のエンタルピーに関する情報が知られていれば，本節の束縛条件における平衡状態を評価することができる。

　一方，図 4.2 に示すように，物体と恒圧槽を合わせた複合体が，外界に対し，可逆的な仕事 ΔW^{rev} を行ったとする。その際，可逆仕事 ΔW^{rev} は式 (4.7) より求められる。そこで，式 (4.7) の最右辺に式 (4.10) および式 (4.11) の関係を代入すると，次式が得られる。

$$\Delta W^{\mathrm{rev}} = -dH \tag{4.14}$$

式 (4.14) の dH は，上述の可逆仕事に対する物体のエンタルピー変化であり，負の値である。また，可逆仕事 ΔW^{rev} は，物体から取り出すことのできる最大仕事に対応する。すなわち，圧力が一定の断熱系および閉鎖系の物体から取り出すことのできる最大仕事は，可逆過程における物体のエンタルピー変化の絶対値に等しい。

4.3　Gibbs エネルギー

　4.1節および4.2節では，恒温槽や恒圧槽に覆われた物体に対する平衡状態と最大仕事について述べた。本節では，これら両者を合わせた束縛条件における平衡状態と最大仕事について検討する。すなわち，図 4.3 に示すように，物体が恒温恒圧槽に覆われているものとする。ここで，恒温恒圧槽は，恒温槽と恒圧槽の両方の性質を兼ね備えた槽である。また，物体と恒温恒圧槽の間で物質の移動は起こらず，物体と恒温恒圧槽を合わせた複合体の体積は一定に保たれるものとする。さらに，4.1節および4.2節と同様に，複合体と外界の間で

図 4.3 恒温恒圧槽に覆わ
れた物体

熱や物質の移動は起こらないものとする。すなわち，物体と恒温恒圧槽はそれ
ぞれ閉鎖系であり，複合体は閉鎖系，断熱系および定積系である。

4.1 節および 4.2 節におけると同様に，上記の束縛条件に対する複合体では，
平衡状態において式 (4.1a) および式 (4.1b) が成り立つ。また，物体のエントロ
ピーおよび体積を S および V とし，恒温恒圧槽のエントロピーおよび体積を S^R
および V^R とし，複合体のエントロピーおよび体積を S^C および V^C とすると，
複合体のエントロピーや体積は一定に保たれるので，式 (4.2) および式 (4.9)
の関係が成り立つ。式 (4.2) および式 (4.9) に従い，物体と恒温恒圧槽の間で
熱が移動したり体積が変化するが物質の移動は起こらないので，恒温恒圧槽の
温度および圧力をそれぞれ T^R および P^R とすると，次式の関係が成り立つ。

$$d(E + E^R) = dE + dE^R = dE + T^R dS^R - P^R dV^R \tag{4.15}$$

ここで，物体の温度および圧力をそれぞれ T および P とすると，平衡状態で
は $T = T^R$ および $P = P^R$ となり，式 (4.2) および式 (4.9) より $dS^R = -dS$
および $dV^R = -dV$ であるので，T および P が一定であることを考慮し，式
(3.44) の関係を用いると，式 (4.15) の最右辺は次式のように変形される。

$$dE + T^R dS^R - P^R dV^R = dE + T(-dS) - P(-dV)$$
$$= dE - TdS + PdV$$
$$= d(E - TS + PV) = dG \tag{4.16}$$

式 (4.16) の G は，物体の Gibbs エネルギーである。また，式 (4.15) および式
(4.16) の関係より，次式が導出される。

$$d^2(E + E^R) = d\{d(E + E^R)\} = d(dG) = d^2G \tag{4.17}$$

式 (4.1a) および式 (4.1b) に式 (4.15)〜(4.17) を代入すると，以下の関係が成

り立つ。

$$\mathrm{d}G = 0 \tag{4.18a}$$

$$\mathrm{d}^2G > 0 \tag{4.18b}$$

　すなわち，恒温恒圧槽に覆われた温度および圧力が一定の閉鎖系の物体は，平衡状態において物体の Gibbs エネルギーが最小になる。4.1 節および 4.2 節で述べたように，物体と恒温恒圧槽を合わせた複合体の平衡状態は式 (4.1a) および式 (4.1b) を用いて評価できるが，物体と恒温恒圧槽の熱力学的な情報が必要である。これに対し，式 (4.18a) および式 (4.18b) の熱力学平衡条件を用いると，恒温恒圧槽の熱力学的な情報が不明であっても，物体の Gibbs エネルギーに関する情報が知られていれば，本節の束縛条件における平衡状態を評価することができる。

　一方，図 4.3 に示すように，物体と恒温恒圧槽を合わせた複合体が，外界に対し，可逆的な仕事 ΔW^{rev} を行ったとする。この場合の可逆仕事 ΔW^{rev} も式 (4.7) より求められる。そこで，式 (4.7) の最右辺に式 (4.15) および式 (4.16) の関係を代入すると，次式が得られる。

$$\Delta W^{\mathrm{rev}} = -\mathrm{d}G \tag{4.19}$$

式 (4.19) の $\mathrm{d}G$ は，上述の可逆仕事に対する物体の Gibbs エネルギー変化であり，負の値である。また，可逆仕事 ΔW^{rev} は，物体から取り出すことのできる最大仕事に対応する。すなわち，温度および圧力が一定の閉鎖系の物体から取り出すことのできる最大仕事は，可逆過程における物体の Gibbs エネルギー変化の絶対値に等しい。

4.4　第一法則と第二法則の結合形による極値原理の導出

　4.1 節〜4.3 節では，種々の基本関係式に対する極値原理を厳密な方法で導出した。しかし，このような極値原理は，以下で述べる簡便な方法で導出することもできる。

　式 (1.9a) および式 (1.9b) に示したように，内部エネルギー E に対する第一

法則と第二法則の結合形は，以下のように表すことができる。

$$dE = TdS - PdV \quad \text{(可逆過程)} \tag{4.20a}$$

$$dE < TdS - PdV \quad \text{(不可逆過程)} \tag{4.20b}$$

また，式 (3.23) に示したように，内部エネルギー E と Helmholtz エネルギー F の間に，次式の関係が成り立つ。

$$dF = dE - TdS - SdT \tag{4.21}$$

式 (4.21) に式 (4.20a) および式 (4.20b) を代入すると，以下の関係が得られる。

$$dF = (TdS - PdV) - TdS - SdT = -SdT - PdV \quad \text{(可逆過程)}$$
$$\tag{4.22a}$$

$$dF < (TdS - PdV) - TdS - SdT = -SdT - PdV \quad \text{(不可逆過程)}$$
$$\tag{4.22b}$$

式 (4.22a) および式 (4.22b) は，それぞれ可逆過程および不可逆過程に対する Helmholtz エネルギー表示による第一法則と第二法則の結合形である。温度および体積が一定（$dT = 0$ および $dV = 0$）の条件では，式 (4.22a) および式 (4.22b) の右辺の値が 0 となり，以下の関係が成り立つ。

$$dF = 0 \quad \text{(可逆過程)} \tag{4.23a}$$

$$dF < 0 \quad \text{(不可逆過程)} \tag{4.23b}$$

式 (4.23a) および式 (4.23b) によると，Helmholtz エネルギーは，自発的に進行する不可逆過程では減少し，可逆過程では変化しない。すなわち，温度および体積が一定（$dT = 0$ および $dV = 0$）の条件における平衡状態では，Helmholtz エネルギーが最小となり，式 (4.6a) および式 (4.6b) が成立する。

一方，式 (3.34) に示したように，内部エネルギー E とエンタルピー H の間に，次式の関係が成り立つ。

$$dH = dE + PdV + VdP \tag{4.24}$$

式 (4.24) に式 (4.20a) および式 (4.20b) を代入すると，以下の関係が得られる。

$$dH = (TdS - PdV) + PdV + VdP = TdS + VdP \quad \text{(可逆過程)}$$
$$\tag{4.25a}$$

$$dH < (T dS - P dV) + P dV + V dP = T dS + V dP \quad (不可逆過程)$$

$$(4.25b)$$

式 (4.25a) および式 (4.25b) は，それぞれ可逆過程および不可逆過程に対する
エンタルピー表示による第一法則と第二法則の結合形である。エントロピーお
よび圧力が一定（$dS = 0$ および $dP = 0$）の条件では，式 (4.25a) および式
(4.25b) の右辺の値が 0 となり，以下の関係が成り立つ。

$$dH = 0 \quad (可逆過程) \tag{4.26a}$$

$$dH < 0 \quad (不可逆過程) \tag{4.26b}$$

式 (4.26a) および式 (4.26b) によると，エンタルピーは，自発的に進行する不
可逆過程では減少し，可逆過程では変化しない。すなわち，エントロピーおよ
び圧力が一定（$dS = 0$ および $dP = 0$）の条件における平衡状態では，エン
タルピーが最小となり，式 (4.13a) および式 (4.13b) が成立する。

　これに対し，式 (3.45) に示したように，内部エネルギー E と Gibbs エネル
ギー G の間に，次式の関係が成り立つ。

$$dG = dE - T dS - S dT + P dV + V dP \tag{4.27}$$

式 (4.27) に式 (4.20a) および式 (4.20b) を代入すると，以下の関係が得られる。

$$dG = (T dS - P dV) - T dS - S dT + P dV + V dP$$

$$= - S dT + V dP \quad (可逆過程) \tag{4.28a}$$

$$dG < (T dS - P dV) - T dS - S dT + P dV + V dP$$

$$= - S dT + V dP \quad (不可逆過程) \tag{4.28b}$$

式 (4.28a) および式 (4.28b) は，それぞれ可逆過程および不可逆過程に対する
Gibbs エネルギー表示による第一法則と第二法則の結合形である。温度および
圧力が一定（$dT = 0$ および $dP = 0$）の条件では，式 (4.28a) および式 (4.28b)
の右辺の値が 0 となり，以下の関係が成り立つ。

$$dG = 0 \quad (可逆過程) \tag{4.29a}$$

$$dG < 0 \quad (不可逆過程) \tag{4.29b}$$

式 (4.29a) および式 (4.29b) によると，Gibbs エネルギーは，自発的に進行す
る不可逆過程では減少し，可逆過程では変化しない。すなわち，温度および圧

力が一定（dT = 0 および dP = 0）の条件における平衡状態では，Gibbs エネルギーが最小となり，式 (4.18a) および式 (4.18b) が成立する。

ところで，Helmholtz エネルギー F は，式 (3.22) に示したように，次式のように定義される。

$$F \equiv E - TS \tag{4.30}$$

式 (4.30) の E は物体の全エネルギーであり，TS は**熱エネルギー**であると見なすことができる。エネルギーに対する経験的な知見によると，機械的仕事や電気エネルギーは自発的に熱エネルギーに変わるが，熱エネルギーを機械的仕事や電気エネルギーに効率よく変換するのは容易ではない。このことより，熱エネルギーは，自由な変換の困難な束縛的なエネルギーであると考えられる。このような視点に立脚すると，Helmholtz エネルギー F は，全エネルギー E から**束縛エネルギー** TS を差し引いた変換の自由なエネルギーであると解釈される。このような解釈に基づき，Helmholtz エネルギー F を**自由エネルギー**（free energy）と呼ぶ場合がある。一方，Gibbs エネルギーは，式 (3.33) および式 (3.44) に示したように，次式のように定義される。

$$G \equiv E + PV - TS = H - TS \tag{4.31}$$

式 (4.31) の H は物体の全エンタルピーであり，TS は束縛エネルギーである。すなわち，Gibbs エネルギー G は，全エンタルピー H から束縛エネルギー TS を差し引いた変換の自由なエンタルピーであると見なすことができる。このため，Gibbs エネルギー G は，**自由エンタルピー**（free enthalpy）と呼ばれることもある。なお，F を「Helmholtz の自由エネルギー」と呼ぶのは同義反復であり，G を「Gibbs の自由エネルギー」と呼ぶのは式 (4.31) の熱力学的な定義と矛盾する。このため，国際純正・応用化学連合（International Union of Pure and Applied Chemistry，IUPAC）は「G を Gibbs エネルギーと呼ぶ」ことを 1962 年に勧告している。本書では，IUPAC によるこの勧告に従うこととする。

熱力学関係式の導出

5.1 マクスウェルの関係式

単一相から成る一元系の物体を考える。また，物体は，**開放系**（open system）であるとする。ここで，開放系は，物体と外界の間で物質の移動が起こることを意味する。式 (1.17) によると，この物体の内部エネルギー E に対する基本関係式は，次式のように表される。

$$E = E(S, V, n) \tag{5.1}$$

式 (1.18) に示したように，式 (5.1) の全微分は次式のように求められる。

$$\mathrm{d}E = \left(\frac{\partial E}{\partial S}\right)_{V,n} \mathrm{d}S + \left(\frac{\partial E}{\partial V}\right)_{S,n} \mathrm{d}V + \left(\frac{\partial E}{\partial n}\right)_{S,V} \mathrm{d}n \tag{5.2}$$

式 (5.1) の基本関係式 $E(S, V, n)$ が，固有な独立変数であるエントロピー S，体積 V およびモル数 n の**正則関数**（regular function）であれば，式 (5.2) の右辺の任意の二つの項に関する**混合偏微分**に対し，次式のような関係が成り立つ。

$$\left\{\frac{\partial}{\partial V}\left(\frac{\partial E}{\partial S}\right)_{V,n}\right\}_{S,n} = \left\{\frac{\partial}{\partial S}\left(\frac{\partial E}{\partial V}\right)_{S,n}\right\}_{V,n} \tag{5.3}$$

式 (5.3) は，式 (5.2) の右辺第一項と第二項に関する混合偏微分を表している。また，式 (5.3) は，次式のように単純化して表すこともできる。

$$\frac{\partial^2 E}{\partial V \partial S} = \frac{\partial^2 E}{\partial S \partial V} \tag{5.4}$$

式 (5.3) および式 (5.4) から知られるように，$E(S, V, n)$ が S，V および n の正則関数であれば，任意の二つの独立変数による二次の混合偏微分は，偏微分

の順番によらず，たがいに等しくなる。一方，基本関係式 $E(S, V, n)$ に対する
状態方程式は，式 (1.19)〜(1.21) に示したように，以下のように表される。

$$T \equiv \left(\frac{\partial E}{\partial S} \right)_{V, n} \tag{5.5a}$$

$$P \equiv -\left(\frac{\partial E}{\partial V} \right)_{S, n} \tag{5.5b}$$

$$\mu \equiv \left(\frac{\partial E}{\partial n} \right)_{S, V} \tag{5.5c}$$

式 (5.5a) の関係を式 (5.3) の左辺に代入すると，次式が得られる。

$$\left\{ \frac{\partial}{\partial V} \left(\frac{\partial E}{\partial S} \right)_{V, n} \right\}_{S, n} = \left(\frac{\partial T}{\partial V} \right)_{S, n} \tag{5.6}$$

また，式 (5.5b) の関係を式 (5.3) の右辺に代入すると，次式が導出される。

$$\left\{ \frac{\partial}{\partial S} \left(\frac{\partial E}{\partial V} \right)_{S, n} \right\}_{V, n} = -\left(\frac{\partial P}{\partial S} \right)_{V, n} \tag{5.7}$$

式 (5.3) に示したように，式 (5.6) および式 (5.7) はたがいに等しいので，以
下の関係が成立する。

$$\left(\frac{\partial T}{\partial V} \right)_{S, n} = -\left(\frac{\partial P}{\partial S} \right)_{V, n} \tag{5.8}$$

ところで，式 (1.22) に示したように，式 (5.1) の内部エネルギー E に対する
可逆過程における第一法則と第二法の結合形は，次式のように表すことができ
る。

$$dE = TdS - PdV + \mu dn \tag{5.9}$$

式 (5.9) を用いると，簡便な方法で式 (5.8) を導出することができる。すなわ
ち，式 (5.9) の右辺に対し，第一項の係数 T を第二項の独立変数 V で偏微分
し，第二項の係数 $-P$ を第一項の独立変数 S で偏微分し，各偏微分の値がた
がいに等しいとすると，式 (5.8) が得られる。この手法を式 (5.9) の右辺第二
項と第三項に適用すると，次式が得られる。

$$\left(\frac{\partial P}{\partial n} \right)_{S, V} = -\left(\frac{\partial \mu}{\partial V} \right)_{S, n} \tag{5.10}$$

また，式 (5.9) の右辺第一項と第三項に上記の手法を適用すると，次式が導出

される。

$$\left(\frac{\partial \mu}{\partial S}\right)_{V,n} = \left(\frac{\partial T}{\partial n}\right)_{S,V} \tag{5.11}$$

式 (5.8), (5.10) および (5.11) の形式の関係式を**マクスウェルの関係式**（Maxwell relations）と呼ぶ。基本関係式の固有な独立変数の数が t 個であれば，二次の混合偏微分の組合せの数は $t(t-1)/2$ 対になるので，$t(t-1)/2$ 個のマクスウェルの関係式が導出されることになる。

　上記の物体の Helmholtz エネルギー F に対する可逆過程における第一法則と第二法の結合形は，式 (3.24) に示したように，次式のように表される。

$$\mathrm{d}F = -S\mathrm{d}T - P\mathrm{d}V + \mu\mathrm{d}n \tag{5.12}$$

式 (5.10) および式 (5.11) の導出法を用いると，式 (5.12) に対し，以下の関係が導かれる。

$$\left(\frac{\partial S}{\partial V}\right)_{T,n} = \left(\frac{\partial P}{\partial T}\right)_{V,n} \tag{5.13a}$$

$$\left(\frac{\partial P}{\partial n}\right)_{T,V} = -\left(\frac{\partial \mu}{\partial V}\right)_{T,n} \tag{5.13b}$$

$$\left(\frac{\partial \mu}{\partial T}\right)_{V,n} = -\left(\frac{\partial S}{\partial n}\right)_{T,V} \tag{5.13c}$$

また，式 (3.35) に示したように，上記の物体のエンタルピー H に対する可逆過程における第一法則と第二法の結合形は，次式のように表される。

$$\mathrm{d}H = T\mathrm{d}S + V\mathrm{d}P + \mu\mathrm{d}n \tag{5.14}$$

上記と同様の手順により，式 (5.14) に対し，以下の関係が得られる。

$$\left(\frac{\partial T}{\partial P}\right)_{S,n} = \left(\frac{\partial V}{\partial S}\right)_{P,n} \tag{5.15a}$$

$$\left(\frac{\partial V}{\partial n}\right)_{S,P} = \left(\frac{\partial \mu}{\partial P}\right)_{S,n} \tag{5.15b}$$

$$\left(\frac{\partial \mu}{\partial S}\right)_{P,n} = \left(\frac{\partial T}{\partial n}\right)_{S,P} \tag{5.15c}$$

　一方，式 (3.46) に示したように，上記の物体の Gibbs エネルギー G に対する可逆過程における第一法則と第二法の結合形は，次式のように表される。

$$\mathrm{d}G = -S\mathrm{d}T + V\mathrm{d}P + \mu\mathrm{d}n \tag{5.16}$$

式 (5.16) に対し，上記と同様の手順により以下の関係が導出される。

$$\left(\frac{\partial S}{\partial P}\right)_{T,n} = -\left(\frac{\partial V}{\partial T}\right)_{P,n} \tag{5.17a}$$

$$\left(\frac{\partial V}{\partial n}\right)_{T,P} = \left(\frac{\partial \mu}{\partial P}\right)_{T,n} \tag{5.17b}$$

$$\left(\frac{\partial \mu}{\partial T}\right)_{P,n} = -\left(\frac{\partial S}{\partial n}\right)_{T,P} \tag{5.17c}$$

これらのマクスウェルの関係式を用いると，測定の困難な熱力学量を測定の容易な熱力学量に変換することができる。

5.2 ヤコビアンによる変換法

5.1 節では，異なる熱力学量の間の変換を可能にするマクスウェルの関係式について述べた。本節では，さらに汎用性の高い変換が可能な**ヤコビアン**（Jacobian）を用いた方法について説明する。

いま，$x, y, ..., z$ を共通の独立変数とする多変数関数 $u(x, y, ..., z)$, $v(x, y, ..., z)$, ..., $w(x, y, ..., z)$ を考える。これらの関数に対するヤコビアン J は，次式のように定義される。

$$J = \frac{\partial(u, v, ..., w)}{\partial(x, y, ..., z)} \equiv \begin{vmatrix} \dfrac{\partial u}{\partial x} & \dfrac{\partial u}{\partial y} & \cdots & \dfrac{\partial u}{\partial z} \\[2mm] \dfrac{\partial v}{\partial x} & \dfrac{\partial v}{\partial y} & \cdots & \dfrac{\partial v}{\partial z} \\[2mm] \vdots & \vdots & \ddots & \vdots \\[2mm] \dfrac{\partial w}{\partial x} & \dfrac{\partial w}{\partial y} & \cdots & \dfrac{\partial w}{\partial z} \end{vmatrix} \tag{5.18}$$

本節の熱力学的な応用にとって有用なヤコビアン J の性質は，次式の関係である。

$$\left(\frac{\partial u}{\partial x}\right)_{y, ..., z} = \frac{\partial(u, y, ..., z)}{\partial(x, y, ..., z)} \tag{5.19}$$

式 (5.18) の定義によると，式 (5.19) は，行列式の性質を用いて以下のように証明される。

$$\frac{\partial(u, y, ..., z)}{\partial(x, y, ..., z)} = \begin{vmatrix} \dfrac{\partial u}{\partial x} & \dfrac{\partial u}{\partial y} & \cdots & \dfrac{\partial u}{\partial z} \\ \dfrac{\partial y}{\partial x} & \dfrac{\partial y}{\partial y} & \cdots & \dfrac{\partial y}{\partial z} \\ \vdots & \vdots & \ddots & \vdots \\ \dfrac{\partial z}{\partial x} & \dfrac{\partial z}{\partial y} & \cdots & \dfrac{\partial z}{\partial z} \end{vmatrix} = \begin{vmatrix} \dfrac{\partial u}{\partial x} & \dfrac{\partial u}{\partial y} & \cdots & \dfrac{\partial u}{\partial z} \\ 0 & 1 & \cdots & 0 \\ \vdots & \vdots & \ddots & \vdots \\ 0 & 0 & \cdots & 1 \end{vmatrix}$$

$$= \left(\frac{\partial u}{\partial x} \right)_{y, ..., z} \tag{5.20}$$

式 (5.20) の第三辺の行列式では，第一行を除き，対角要素が 1 であり，非対角要素が 0 である。このため，第三辺の行列式の値は，最右辺に示すように，第一行第一列の要素に等しくなる。なお，式 (5.20) の証明では，偏微分に関する以下の性質を用いている。

$$\left(\frac{\partial y}{\partial y} \right)_{x, ..., z} = \cdots = \left(\frac{\partial z}{\partial z} \right)_{x, y, ...} = 1 \tag{5.21a}$$

$$\left(\frac{\partial y}{\partial x} \right)_{y, ..., z} = \left(\frac{\partial y}{\partial z} \right)_{x, y, ...} = \left(\frac{\partial z}{\partial x} \right)_{y, ..., z} = \left(\frac{\partial z}{\partial y} \right)_{x, ..., z} = \cdots = 0 \tag{5.21b}$$

第一行以外の対角要素を表す式 (5.21a) では，y 以外の変数を一定にして変数 y を y で微分したり，z 以外の変数を一定にして変数 z を z で微分しているので，値は 1 になる。一方，第一行以外の非対角要素を表す式 (5.21b) では，x 以外の変数を一定にして定数 y を x で微分したり，z 以外の変数を一定にして定数 y を z で微分しているので，値は 0 になる。式 (5.19) の関係を用いると，任意の偏微分をヤコビアンに変換することができる。

　以下の関係も，熱力学的な応用に有用なヤコビアンの性質である。

$$\frac{\partial(u, v, ..., w)}{\partial(x, y, ..., z)} = -\frac{\partial(v, u, ..., w)}{\partial(x, y, ..., z)} = -\frac{\partial(u, v, ..., w)}{\partial(y, x, ..., z)} \tag{5.22}$$

式 (5.22) は，行列式の性質を用いて以下のように証明される。

$$\frac{\partial(u, v, ..., w)}{\partial(x, y, ..., z)} = \begin{vmatrix} \dfrac{\partial u}{\partial x} & \dfrac{\partial u}{\partial y} & \cdots & \dfrac{\partial u}{\partial z} \\ \dfrac{\partial v}{\partial x} & \dfrac{\partial v}{\partial y} & \cdots & \dfrac{\partial v}{\partial z} \\ \vdots & \vdots & \ddots & \vdots \\ \dfrac{\partial w}{\partial x} & \dfrac{\partial w}{\partial y} & \cdots & \dfrac{\partial w}{\partial z} \end{vmatrix} = - \begin{vmatrix} \dfrac{\partial v}{\partial x} & \dfrac{\partial v}{\partial y} & \cdots & \dfrac{\partial v}{\partial z} \\ \dfrac{\partial u}{\partial x} & \dfrac{\partial u}{\partial y} & \cdots & \dfrac{\partial u}{\partial z} \\ \vdots & \vdots & \ddots & \vdots \\ \dfrac{\partial w}{\partial x} & \dfrac{\partial w}{\partial y} & \cdots & \dfrac{\partial w}{\partial z} \end{vmatrix}$$

$$= - \frac{\partial(v, u, ..., w)}{\partial(x, y, ..., z)} \tag{5.23a}$$

$$\frac{\partial(u, v, ..., w)}{\partial(x, y, ..., z)} = \begin{vmatrix} \dfrac{\partial u}{\partial x} & \dfrac{\partial u}{\partial y} & \cdots & \dfrac{\partial u}{\partial z} \\ \dfrac{\partial v}{\partial x} & \dfrac{\partial v}{\partial y} & \cdots & \dfrac{\partial v}{\partial z} \\ \vdots & \vdots & \ddots & \vdots \\ \dfrac{\partial w}{\partial x} & \dfrac{\partial w}{\partial y} & \cdots & \dfrac{\partial w}{\partial z} \end{vmatrix} = - \begin{vmatrix} \dfrac{\partial u}{\partial y} & \dfrac{\partial u}{\partial x} & \cdots & \dfrac{\partial u}{\partial z} \\ \dfrac{\partial v}{\partial y} & \dfrac{\partial v}{\partial x} & \cdots & \dfrac{\partial v}{\partial z} \\ \vdots & \vdots & \ddots & \vdots \\ \dfrac{\partial w}{\partial y} & \dfrac{\partial w}{\partial x} & \cdots & \dfrac{\partial w}{\partial z} \end{vmatrix}$$

$$= - \frac{\partial(u, v, ..., w)}{\partial(y, x, ..., z)} \tag{5.23b}$$

式 (5.23a) の第二辺と第三辺の行列式では，第一行と第二行が入れ替わっているので，行列式の符号が逆転している。また，式 (5.23b) の第二辺と第三辺の行列式では，第一列と第二列が入れ替わっているので，行列式の符号が逆転している。また，証明は数学の専門書に譲るが，偏微分と同様に，ヤコビアンには以下の性質がある。

$$\frac{\partial(u, v, ..., w)}{\partial(x, y, ..., z)} = \frac{\partial(u, v, ..., w)}{\partial(r, s, ..., t)} \frac{\partial(r, s, ..., t)}{\partial(x, y, ..., z)} \tag{5.24a}$$

$$\frac{\partial(u, v, ..., w)}{\partial(x, y, ..., z)} = \frac{1}{\dfrac{\partial(x, y, ..., z)}{\partial(u, v, ..., w)}} \tag{5.24b}$$

以下では，式 (5.19)，(5.22)，(5.24a) および (5.24b) の関係を用い，種々の熱力学量に対するヤコビアン法による解析的な検討を行う。

前述のように，大気圧下で行う通常の実験では，温度や圧力などの示強変数

を制御する手法が用いられる。このため，温度や圧力を独立変数とする熱力学量を用いると，実験結果の解析を合理的に行うことができる。ヤコビアン法を用いると，任意の熱力学量を温度や圧力を独立変数とする熱力学量に変換することが可能となる。ところで，以下のように定義される定圧モル熱容量 C_P，熱膨張係数 α，等温圧縮率 κ_T などは，温度 T や圧力 P を独立変数とする代表的な熱力学量である。

$$C_P \equiv \frac{T}{n}\left(\frac{\partial S}{\partial T}\right)_P \tag{5.25a}$$

$$\alpha \equiv \frac{1}{V}\left(\frac{\partial V}{\partial T}\right)_P \tag{5.25b}$$

$$\kappa_T \equiv -\frac{1}{V}\left(\frac{\partial V}{\partial P}\right)_T \tag{5.25c}$$

このため，C_P，α，κ_T などを用いて熱力学量を記述できれば，温度 T や圧力 P を独立変数とする形式へ変換したことになる。以下では，閉鎖系の一元系・単相の物体に対するこの変換法の実例について説明する。なお，閉鎖系では，物体と外界の間で物質の移動が起こらないので，モル数 n は変化しない。

5.2.1 断熱圧縮による温度変化

エントロピー S および圧力 P を独立変数とする温度 T の関数 $T(S, P)$ に対し，次式の偏微分を考える。

$$\left(\frac{\partial T}{\partial P}\right)_S = \left\{\frac{\partial T(S, P)}{\partial P}\right\}_S \tag{5.26}$$

式 (5.26) の右辺は左辺の内容を厳密に表したものである。式 (5.26) は，可逆的な断熱過程（$dS = 0$）において物体の圧力 P を変えた際の，物体の温度 T の変化率を示している。以下では，表記を単純化するために，式 (5.26) の左辺の形式を用いることにする。なお，式 (5.26) は，閉鎖系の物体に対する式 (5.15a) の左辺に対応している。すなわち，閉鎖系の物体では，モル数 n は変化しないので，式 (5.14) の μdn 項が消失し，式 (5.15a) の下付添字 n が消去される。5.2 節で述べたヤコビアンの性質を用いると，式 (5.26) は以下のよう

に変換される。

$$\left(\frac{\partial T}{\partial P}\right)_S = \frac{\partial(T, S)}{\partial(P, S)} = \frac{\dfrac{\partial(T, S)}{\partial(T, P)}}{\dfrac{\partial(P, S)}{\partial(T, P)}} = \frac{\dfrac{\partial(S, T)}{\partial(P, T)}}{-\dfrac{\partial(S, P)}{\partial(T, P)}} = \frac{\left(\dfrac{\partial S}{\partial P}\right)_T}{-\left(\dfrac{\partial S}{\partial T}\right)_P} \tag{5.27}$$

式 (5.27) の変形では，すべての変数を温度 T および圧力 P を独立変数とする関数に変換することを目的としている。また，式 (5.17a) によると，閉鎖系の物体に対し，以下の関係が成り立つ。

$$\left(\frac{\partial S}{\partial P}\right)_T = -\left(\frac{\partial V}{\partial T}\right)_P \tag{5.28}$$

式 (5.28) では，式 (5.26) と同様の理由によって式 (5.17a) の下付添字 n が消去されている。式 (5.28) を式 (5.27) の最右辺に代入し，式 (5.25a) および式 (5.25b) の関係を用いると，次式が得られる。

$$\left(\frac{\partial T}{\partial P}\right)_S = \frac{-\left(\dfrac{\partial V}{\partial T}\right)_P}{-\left(\dfrac{\partial S}{\partial T}\right)_P} = \frac{\dfrac{1}{V}\left(\dfrac{\partial V}{\partial T}\right)_P}{\dfrac{T}{n}\left(\dfrac{\partial S}{\partial T}\right)_P}\frac{VT}{n} = \frac{TV\alpha}{nC_P} = \frac{TV_\mathrm{m}\alpha}{C_P} \tag{5.29}$$

ここで，V_m は物体の**モル体積**（molar volume）であるが，下付添字の m は「**モル量**（molar value）」すなわち「物体 1 mol 当りの量」であることを明示的に表している。式 (5.29) の最右辺のすべての変数は，温度 T および圧力 P を独立変数とする測定可能な熱力学量である。

5.2.2　定積モル熱容量と定圧モル熱容量の関係

前述のように，**定圧モル熱容量**（molar heat capacity at constant pressure）C_P は式 (5.25a) のように定義される。これに対し，**定積モル熱容量**（molar heat capacity at constant volume）C_V は，次式のように定義される。

$$C_V \equiv \frac{T}{n}\left(\frac{\partial S}{\partial T}\right)_V \tag{5.30}$$

ここでは，ヤコビアン法を用いて，定積モル熱容量 C_V と定圧モル熱容量 C_P の関係を導出する。5.2.1 項の変換法に倣うと，式 (5.30) の右辺は以下のよう

に変形される。

$$\frac{T}{n}\left(\frac{\partial S}{\partial T}\right)_V = \frac{T}{n}\frac{\partial(S,V)}{\partial(T,V)} = \frac{T}{n}\frac{\dfrac{\partial(S,V)}{\partial(T,P)}}{\dfrac{\partial(T,V)}{\partial(T,P)}} = \frac{T}{n}\frac{\dfrac{\partial(S,V)}{\partial(T,P)}}{\dfrac{\partial(V,T)}{\partial(P,T)}} = \frac{T}{n}\frac{\dfrac{\partial(S,V)}{\partial(T,P)}}{\left(\dfrac{\partial V}{\partial P}\right)_T}$$

$$= \frac{-T}{nV}\frac{\dfrac{\partial(S,V)}{\partial(T,P)}}{\dfrac{-1}{V}\left(\dfrac{\partial V}{\partial P}\right)_T} = \frac{-T}{nV\kappa_T}\frac{\partial(S,V)}{\partial(T,P)} \tag{5.31}$$

式 (5.18) の定義に従って式 (5.31) の最右辺のヤコビアンを展開すると，次式のようになる。

$$\frac{\partial(S,V)}{\partial(T,P)} = \begin{vmatrix} \left(\dfrac{\partial S}{\partial T}\right)_P & \left(\dfrac{\partial S}{\partial P}\right)_T \\ \left(\dfrac{\partial V}{\partial T}\right)_P & \left(\dfrac{\partial V}{\partial P}\right)_T \end{vmatrix} = \left(\frac{\partial S}{\partial T}\right)_P\left(\frac{\partial V}{\partial P}\right)_T - \left(\frac{\partial S}{\partial P}\right)_T\left(\frac{\partial V}{\partial T}\right)_P$$

$$\tag{5.32}$$

また，式 (5.32) の最右辺に式 (5.28) を代入し，式 (5.25a)〜(5.25c) の定義を用いると，次式が導出される。

$$\frac{\partial(S,V)}{\partial(T,P)} = \left(\frac{\partial S}{\partial T}\right)_P\left(\frac{\partial V}{\partial P}\right)_T + \left\{\left(\frac{\partial V}{\partial T}\right)_P\right\}^2$$

$$= \frac{-nV}{T}\left\{\frac{T}{n}\left(\frac{\partial S}{\partial T}\right)_P\right\}\left\{\frac{-1}{V}\left(\frac{\partial V}{\partial P}\right)_T\right\} + V^2\left\{\frac{1}{V}\left(\frac{\partial V}{\partial T}\right)_P\right\}^2$$

$$= \frac{-nV}{T}C_P\kappa_T + V^2\alpha^2 \tag{5.33}$$

式 (5.33) を式 (5.31) の最右辺に代入すると，次式が得られる。

$$C_V = \frac{-T}{nV\kappa_T}\frac{\partial(S,V)}{\partial(T,P)} = \frac{-T}{nV\kappa_T}\left(\frac{-nV}{T}C_P\kappa_T + V^2\alpha^2\right)$$

$$= C_P - \frac{TV\alpha^2}{n\kappa_T} = C_P - \frac{TV_m\alpha^2}{\kappa_T} \tag{5.34}$$

式 (5.29) と同様に，式 (5.34) の最右辺のすべての変数は，温度 T および圧力 P を独立変数とする熱力学量となっている。ところで，Einstein モデルや Debye モデルなどの統計力学の手法を用いると，C_V を解析的な数学関数で記

述することができる。一方，式 (5.34) の最右辺の各変数は，実験的な測定の可能な熱力学量である。このように，式 (5.34) を用いると，解析関数と実測結果の比較検討を介して，統計力学における理論モデルの妥当性を評価することができる。すなわち，式 (5.34) は，モル熱容量の理論と実験を結び付ける重要な関係式である。

5.2.3 Gibbs–Helmholtz の関係式

Gibbs エネルギー G とエンタルピー H に対する **Gibbs–Helmholtz の関係式** （Gibbs–Helmholtz equation）は，以下のように記述される。

$$\left\{ \frac{\partial\left(\dfrac{G}{T}\right)}{\partial\left(\dfrac{1}{T}\right)} \right\}_P = H \tag{5.35}$$

ヤコビアン法を用いると，式 (5.35) は以下のように導出される。すなわち，式 (5.35) の左辺の偏微分は，ヤコビアン法により，次式のように変形される。

$$\left\{ \frac{\partial\left(\dfrac{G}{T}\right)}{\partial\left(\dfrac{1}{T}\right)} \right\}_P = \frac{\partial\left(\dfrac{G}{T},P\right)}{\partial\left(\dfrac{1}{T},P\right)} = \frac{\dfrac{\partial\left(\dfrac{G}{T},P\right)}{\partial(T,P)}}{\dfrac{\partial\left(\dfrac{1}{T},P\right)}{\partial(T,P)}} = \frac{\left\{\dfrac{\partial\left(\dfrac{G}{T}\right)}{\partial T}\right\}_P}{\left\{\dfrac{\partial\left(\dfrac{1}{T}\right)}{\partial T}\right\}_P} \tag{5.36}$$

式 (5.36) の最右辺の分母の偏微分は，以下のように求められる。

$$\left\{ \frac{\partial\left(\dfrac{1}{T}\right)}{\partial T} \right\}_P = \left(\frac{\partial T^{-1}}{\partial T}\right)_P = -T^{-2} \tag{5.37}$$

また，式 (5.36) の最右辺の分子の偏微分は，式 (3.48a) および式 (4.31) の関係を用いて，以下のように計算される。

$$\left\{ \frac{\partial \left(\dfrac{G}{T} \right)}{\partial T} \right\}_P = \left\{ \frac{\partial (T^{-1}G)}{\partial T} \right\}_P = -T^{-2}G + T^{-1}\left(\frac{\partial G}{\partial T} \right)_P$$

$$= -T^{-2}G - T^{-1}S = -T^{-2}(G + TS) = -T^{-2}H \tag{5.38}$$

式 (5.37) および式 (5.38) の関係を式 (5.36) に代入すると，次式が導かれる。

$$\left\{ \frac{\partial \left(\dfrac{G}{T} \right)}{\partial \left(\dfrac{1}{T} \right)} \right\}_P = \frac{-T^{-2}H}{-T^{-2}} = H \tag{5.39}$$

式 (5.39) は，式 (5.35) の Gibbs–Helmholtz の関係式を表している。

ところで，温度一定および圧力一定の条件において，物体の相変態が熱活性化過程で進行する際に，相変態の反応速度 v の温度依存性を以下のようなモデル式で記述する場合がある。

$$v = v_0 \exp\left(-\frac{\Delta G}{RT} \right) \tag{5.40}$$

ここで，v_0 は比例係数であり，ΔG は**活性化 Gibbs エネルギー**（activation Gibbs energy）であり，R は**気体定数**（gas constant）である。一方，温度一定および圧力一定の条件における反応速度 v の実測結果と反応温度 T の関係を評価する際に，次式の関係を用いる場合がある。

$$v = k \exp\left(-\frac{A}{RT} \right) \tag{5.41}$$

式 (5.41) は，通常，**Arrhenius 型の式**と呼ばれる。また，実測結果を検討する場合には，式 (5.41) を次式のように変形する。

$$\ln v = \ln k + \left(-\frac{A}{R} \right)\frac{1}{T} \tag{5.42}$$

すなわち，反応速度の自然対数 $\ln v$ を縦軸とし反応温度の逆数 $1/T$ を横軸とする図に実測結果をプロットした際に，プロット点に対する一次の回帰分析を最小二乗法により行うと，回帰直線の切片と勾配から式 (5.42) の $\ln k$ と $-A/R$ の値をそれぞれ求めることができる。このような方法で値を評価した式 (5.41)

の A は式 (5.40) の ΔG に対応する，と思われがちである．そこで，Gibbs-Helmholtz の関係式を用い，以下のような検討を行うこととする．まず，式 (5.40) を次式のように変形する．

$$\frac{\Delta G}{T} = -R\ln\left(\frac{v}{v_0}\right) \tag{5.43}$$

つぎに，式 (5.43) を式 (5.35) に代入する．

$$\left\{\frac{\partial\left(\dfrac{\Delta G}{T}\right)}{\partial\left(\dfrac{1}{T}\right)}\right\}_P = -R\left\{\frac{\partial\ln\left(\dfrac{v}{v_0}\right)}{\partial\left(\dfrac{1}{T}\right)}\right\}_P = \Delta H \tag{5.44}$$

式 (5.44) では，式 (5.35) の G および H をそれぞれ ΔG および ΔH としている．式 (5.44) より，次式が得られる．

$$\left\{\frac{\partial\ln\left(\dfrac{v}{v_0}\right)}{\partial\left(\dfrac{1}{T}\right)}\right\}_P = -\frac{\Delta H}{R} \tag{5.45}$$

式 (5.45) の ΔH は，上記の熱活性化過程に対する**活性化エンタルピー**（activation enthalpy）である．式 (5.45) から知られるように，式 (5.42) の回帰直線の勾配から算出される A は，活性化エンタルピー ΔH に対応している．なお，式 (5.41) の A は，**活性化エネルギー**（activation energy）と呼ばれることもある．しかし，この呼称は，Gibbs-Helmholtz の関係式から導出される式 (5.45) の熱力学的な意味と矛盾することになる．

一方，Helmholtz エネルギー F と内部エネルギー E に対する Gibbs-Helmholtz の関係式は，次式のように表される．

$$\left\{\frac{\partial\left(\dfrac{F}{T}\right)}{\partial\left(\dfrac{1}{T}\right)}\right\}_V = E \tag{5.46}$$

式 (5.35) と同様に，式 (5.46) もヤコビアン法を用いて以下のように導出することができる．すなわち，式 (5.46) の左辺の偏微分は，ヤコビアン法により，

次式のように変形される。

$$\left\{ \frac{\partial\left(\dfrac{F}{T}\right)}{\partial\left(\dfrac{1}{T}\right)} \right\}_V = \frac{\partial\left(\dfrac{F}{T}, V\right)}{\partial\left(\dfrac{1}{T}, V\right)} = \frac{\dfrac{\partial\left(\dfrac{F}{T}, V\right)}{\partial(T, V)}}{\dfrac{\partial\left(\dfrac{1}{T}, V\right)}{\partial(T, V)}} = \frac{\left\{ \dfrac{\partial\left(\dfrac{F}{T}\right)}{\partial T} \right\}_V}{\left\{ \dfrac{\partial\left(\dfrac{1}{T}\right)}{\partial T} \right\}_V} \tag{5.47}$$

式 (5.47) の最右辺の分母の偏微分は，式 (5.37) と同様に，以下のように求められる。

$$\left\{ \frac{\partial\left(\dfrac{1}{T}\right)}{\partial T} \right\}_V = \left(\frac{\partial T^{-1}}{\partial T} \right)_V = -T^{-2} \tag{5.48}$$

また，式 (5.38) と同様に，式 (5.47) の最右辺の分子の偏微分は，式 (3.22) および式 (3.26a) の関係を用いて，以下のように計算される。

$$\left\{ \frac{\partial\left(\dfrac{F}{T}\right)}{\partial T} \right\}_V = \left\{ \frac{\partial(T^{-1}F)}{\partial T} \right\}_V = -T^{-2}F + T^{-1}\left(\frac{\partial F}{\partial T} \right)_V$$

$$= -T^{-2}F - T^{-1}S = -T^{-2}(F + TS) = -T^{-2}E \tag{5.49}$$

式 (5.48) および式 (5.49) の関係を式 (5.47) に代入すると，次式が得られる。

$$\left\{ \frac{\partial\left(\dfrac{F}{T}\right)}{\partial\left(\dfrac{1}{T}\right)} \right\}_V = \frac{-T^{-2}E}{-T^{-2}} = E \tag{5.50}$$

式 (5.50) は，式 (5.46) の Helmholtz エネルギー F と内部エネルギー E に対する Gibbs–Helmholtz の関係式を表している。

ところで，温度一定および体積一定の条件において，物体の相変態が熱活性化過程で進行する際に，相変態の反応速度 v の温度依存性を式 (5.40) と類似の以下のモデル式で記述する場合がある。

$$v = v_0 \exp\left(-\frac{\Delta F}{RT}\right) \tag{5.51}$$

式 (5.51) の ΔF は，**活性化 Helmholtz エネルギー**（activation Helmholtz energy）
である。式 (5.51) に対し，式 (5.43)〜(5.45) と同様の検討を行うと，以下の
ようになる。すなわち，式 (5.51) を次式のように変形する。

$$\frac{\Delta F}{T} = -R\ln\left(\frac{v}{v_0}\right) \tag{5.52}$$

また，式 (5.52) を式 (5.46) に代入する。

$$\left\{\frac{\partial\left(\dfrac{\Delta F}{T}\right)}{\partial\left(\dfrac{1}{T}\right)}\right\}_V = -R\left\{\frac{\partial\ln\left(\dfrac{v}{v_0}\right)}{\partial\left(\dfrac{1}{T}\right)}\right\}_V = \Delta E \tag{5.53}$$

式 (5.53) では，式 (5.46) の F および E をそれぞれ ΔF および ΔE としている。
式 (5.53) より，次式が得られる。

$$\left\{\frac{\partial\ln\left(\dfrac{v}{v_0}\right)}{\partial\left(\dfrac{1}{T}\right)}\right\}_V = -\frac{\Delta E}{R} \tag{5.54}$$

式 (5.54) の ΔE は，活性化エネルギーである。式 (5.51) は，温度一定およ
び体積一定の条件における熱活性化過程に対するモデル式を表している。一
方，式 (5.41) は，温度一定および圧力一定の条件に対する Arrhenius 型の式を
示している。相変態に起因する物体の体積変化が実験精度の範囲で無視できる
ほど小さければ，式 (5.41) の A と式 (5.54) の ΔE が概ね等しい値になるので，
A を活性化エネルギーと呼んでも大きな問題とはならない。しかし，物体の
体積変化の実測値から反応速度を評価するような相変態も存在する。そのよう
な相変態では，体積一定の条件が成り立たず，式 (5.51) が適用できなくなる
ため，式 (5.41) の A を活性化エネルギーと呼ぶことは不適切となる。

5.2.4 定積モル熱容量の定義式

定積モル熱容量 C_V は，本来，次式のように定義される熱力学量である。

$$C_V \equiv \frac{1}{n}\left(\frac{\partial Q}{\partial T}\right)_V \tag{5.55}$$

式 (5.55) の熱 Q は，状態量ではないので，厳密にいえば，右辺を偏微分の形式で記述するのは適切であるとはいえない。しかし，ここでは，数学的な厳密さよりも直感的な理解を優先し，式 (5.55) のような微分の形式を採用する。また，式 (1.3) の Δ 記号を微分演算子 d に置き換えると，次式のようになる。

$$dE = dQ - PdV \tag{5.56}$$

式 (5.56) において，体積一定の場合には $dV = 0$ となり，次式の関係が成り立つ。

$$dE = dQ - PdV = dQ - P \times 0 = dQ \tag{5.57}$$

すなわち，体積一定の物体における内部エネルギーの変化 dE は，熱の変化 dQ に等しくなる。そこで，式 (5.57) の関係を式 (5.55) に代入すると，次式が得られる。

$$C_V \equiv \frac{1}{n}\left(\frac{\partial Q}{\partial T}\right)_V = \frac{1}{n}\left(\frac{\partial E}{\partial T}\right)_V \tag{5.58}$$

閉鎖系の一元系・単相の物体に対する式 (5.58) の内部エネルギー E は，エントロピー S と体積 V を固有な独立変数とする基本関係式である。このことを踏まえ，ヤコビアン法により，式 (5.58) の最右辺の偏微分を以下のように変形する。

$$\left(\frac{\partial E}{\partial T}\right)_V = \frac{\partial(E, V)}{\partial(T, V)} = \frac{\dfrac{\partial(E, V)}{\partial(S, V)}}{\dfrac{\partial(T, V)}{\partial(S, V)}} = \frac{\partial(E, V)}{\partial(S, V)}\frac{\partial(S, V)}{\partial(T, V)}$$

$$= \left(\frac{\partial E}{\partial S}\right)_V\left(\frac{\partial S}{\partial T}\right)_V = T\left(\frac{\partial S}{\partial T}\right)_V \tag{5.59}$$

なお，式 (5.59) では，温度 T の定義を表す式 (1.16a) の関係を用いている。式 (5.59) を式 (5.58) に代入すると，以下の関係が成立する。

$$C_V \equiv \frac{1}{n}\left(\frac{\partial E}{\partial T}\right)_V = \frac{T}{n}\left(\frac{\partial S}{\partial T}\right)_V \tag{5.60}$$

式 (5.60) は，定積モル熱容量 C_V の定義を表す式 (5.30) に対応している。

5.2.5 定圧モル熱容量の定義式

定圧モル熱容量 C_P は，式 (5.55) の定積モル熱容量 C_V と同様に，次式のように定義される熱力学量である。

$$C_P \equiv \frac{1}{n}\left(\frac{\partial Q}{\partial T}\right)_P \tag{5.61}$$

また，式 (3.34) に示したように，内部エネルギー E とエンタルピー H の間に次式の関係が成り立つ。

$$dH = dE + PdV + VdP \tag{5.62}$$

式 (5.62) に式 (5.56) の関係を代入すると，次式が得られる。

$$dH = (dQ - PdV) + PdV + VdP = dQ + VdP \tag{5.63}$$

式 (5.63) において，圧力一定の場合には $dP = 0$ となり，以下の関係が成立する。

$$dH = dQ + VdP = dQ + V \times 0 = dQ \tag{5.64}$$

すなわち，圧力一定の物体におけるエンタルピーの変化 dH は，熱の変化 dQ に等しくなる。そこで，式 (5.64) の関係を式 (5.61) に代入すると，次式が導出される。

$$C_P \equiv \frac{1}{n}\left(\frac{\partial Q}{\partial T}\right)_P = \frac{1}{n}\left(\frac{\partial H}{\partial T}\right)_P \tag{5.65}$$

閉鎖系の一元系・単相の物体に対する式 (5.65) のエンタルピー H の固有な独立変数は，エントロピー S と圧力 P である。このことを踏まえ，ヤコビアン法により，式 (5.65) の最右辺の偏微分を以下のように変形する。

$$\left(\frac{\partial H}{\partial T}\right)_P = \frac{\partial(H,P)}{\partial(T,P)} = \frac{\dfrac{\partial(H,P)}{\partial(S,P)}}{\dfrac{\partial(T,P)}{\partial(S,P)}} = \frac{\partial(H,P)}{\partial(S,P)}\frac{\partial(S,P)}{\partial(T,P)}$$

$$= \left(\frac{\partial H}{\partial S}\right)_P\left(\frac{\partial S}{\partial T}\right)_P = T\left(\frac{\partial S}{\partial T}\right)_P \tag{5.66}$$

なお，式 (5.66) では，温度 T の定義を表す式 (3.37a) の関係を用いている。式 (5.66) を式 (5.65) に代入すると，次式が得られる。

$$C_P \equiv \frac{1}{n}\left(\frac{\partial H}{\partial T}\right)_P = \frac{T}{n}\left(\frac{\partial S}{\partial T}\right)_P \tag{5.67}$$

式 (5.67) は，定圧モル熱容量 C_P の定義を表す式 (5.25a) に対応している。

　ところで，内部エネルギーの変数名 E は energy の頭文字に対応し，Helmholtz エネルギーの変数名 F は free energy の頭文字に対応し，Gibbs エネルギーの変数名 G は Gibbs energy の頭文字に対応している。しかし，enthalpy の頭文字 E は，内部エネルギーの変数名に使用されているので，エンタルピーの変数名として用いることはできない。一方，式 (5.64) に示したように，圧力一定の物体におけるエンタルピーの変化は熱（heat）の変化に等しい。すなわち，エンタルピーの変数名 H は，heat の頭文字に由来している。また，entropy の頭文字も E であるが，エンタルピーと同様の理由により，エントロピーの変数名に使用することはできない。ところで，**カルノーサイクル**（Carnot cycle）を考案し，熱力学の発展に貢献したのは，フランスの物理学者 Nicolas Léonard Sadi Carnot（1796 年～1832 年）である。このような功績により，Sadi の頭文字がエントロピーの変数名 S に用いられるようになったとされている。

6

平衡状態図と熱力学関係式

6.1　単一成分系の平衡状態図

平衡状態図（equilibrium phase diagram）は，幾何学的な図形を用いて物体の平衡状態を視覚的に表したものである。単一成分系（一元系）の平衡状態図は，通常，示強変数である温度 T および圧力 P を独立変数として記述される。なお，平衡状態図は，単に**状態図**と呼ばれたり，**相図**と呼ばれることもある。**図 6.1** は，主要な相平衡の現れる領域に対する水（H_2O）の平衡状態図を示している。また，図の横軸および縦軸は，それぞれ温度 T および圧力 P を表している。図の相平衡領域では，**固相**（solid phase），**液相**（liquid phase）および**気相**（gas phase）の三つの**安定相**（stable phase）が現れる。ちなみに，日

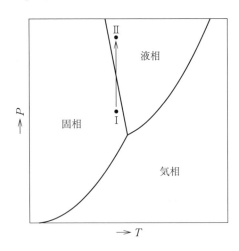

図 6.1　水の平衡状態図

常用語では，固相を氷（ice）といい，液相を水（water）といい，気相を水蒸気（steam）という。すなわち，水は，熱力学用語では物質を表す名称であるが，日常用語では物質と相の両方を表す名称である。以下では，水は，物質を表す名称とする。

　図 6.1 の平衡状態図では，各相の**単相領域**は**相境界線**（phase boundary）によって隔てられている。相境界線上では，隣接する二つの相による二相平衡が現れる。また，三本の相境界線が集まる点を**三重点**（triple point）という。三重点では，隣接する三つの相による三相平衡が実現する。図から知られるように，単相領域は二次元の面であるが，二相平衡に対する相境界線は一次元の線になり，三相平衡に対する三重点は零次元の点になる。すわなち，相平衡に関与する相の数が一つ増えると，平衡領域の幾何学的な次元が一つ減ることになる。このような幾何学的な次元の値を**自由度**（degree of freedom）という。

　図 6.1 の平衡状態図に対する自由度は，単相領域では 2 であり，相境界線では 1 であり，三重点では 0 である。自由度が 2 の単相領域では，温度と圧力の値を自由に選ぶことができる。一方，自由度が 1 の相境界線では，温度あるいは圧力どちらか一方の値を指定すると，他方の値は従属的に決まる。これに対し，自由度が 0 の三重点では，温度と圧力の値は唯一の組合せに決まる。ここで，自由度が 0 の相平衡を**不変系平衡**（invariant equilibrium）といい，自由度が 1 の相平衡を**一変系平衡**（univariant equilibrium）といい，自由度が 2 の相平衡を**二変系平衡**（divariant equilibrium）という。また，不変系平衡，一変系平衡および二変系平衡は，それぞれ**零次元相領域**（zero-dimensional phase field），**一次元相領域**（one-dimensional phase field）および**二次元相領域**（two-dimensional phase field）と呼ばれることもある。

　図 6.1 によると，(液相 + 気相) 二相平衡や (固相 + 気相) 二相平衡の相境界線は右上がりであるのに対し，(固相 + 液相) 二相平衡の相境界線は右下がりになっている。このことは，液相や固相から気相への相変態では水の体積が増加するのに対し，固相から液相への相変態では水の体積が減少することに起因している。ところで，(液相 + 気相) 二相平衡に対する右上がりの相境界線は，

液相の**沸点**（boiling point）が圧力上昇によって高くなり，圧力低下によって低くなることを示している。このような**沸点上昇**を巧みに利用した調理器具が，圧力釜や圧力鍋である。これに対し，大気圧の低い高い山の山頂では沸点がかなり低下するため，飯盒炊爨（はんごうすいさん）の際に注意が必要である。一方，上述のように，図 6.1 の (固相 + 液相) 二相平衡の相境界線は右下がりになっている。このため，固相の**融点**（melting point）は，圧力が高くなると低下し，圧力が低くなると上昇する。このような特異な圧力依存性を示す水の固相液相変態は，きわめて例外的であるといえる。アイススケートを楽しむことができるのは，水の特異な固相液相変態のおかげである。いま，図 6.1 に示すように，温度が一定で圧力の異なる状態 I および状態 II を考える。水は，状態 I の圧力では固相であるが，状態 II の圧力になると液相に相変態する。このような相変態がスケート靴のエッジと固相の接触界面で起こると，薄い液相の膜が生成する。接触界面に生成した液相膜によって摩擦抵抗が小さくなるため，固相の表面をなめらかに滑ることができる。

　ところで，**摂氏温度**は，1 atm の大気圧下における水に対して，融点を 0℃ とし，沸点を 100℃ とし，これら両温度を 100 等分した目盛を 1℃ と定義している。この摂氏温度を考案したのは，スウェーデンの天文学者 Anders Celsius（1701 年〜1744 年）である。例えば，15℃ と表記した場合，日本語では「摂氏 15 度」あるいは「15 ド・シー」と読み，英語では「fifteen degrees Celsius」と発音する。このように，学者の名前の頭文字が，定義に貢献した物理量の単位として歴史に刻まれる事例は数多くある。その際，単位は大文字で表記される。一方，摂氏温度で表示すると，絶対零度は −273.15℃ である。そこで，温度の目盛は摂氏温度と同じで，−273.15℃ を基準温度 0 K とする**絶対温度**（absolute temperature）が考案された。絶対温度で表示すると，上記の水の融点は 273.15 K で沸点は 373.15 K となる。熱力学的に定義される温度 T は，絶対温度を表している。

6.2 クラウジウス・クラペイロンの関係式

図6.1の水の平衡状態図に対する相境界線の勾配は，(液相 + 気相) 二相平衡や (固相 + 気相) 二相平衡では右上がりであるが，(固相 + 液相) 二相平衡では右下がりとなっている。平衡状態図におけるこのような相境界線の勾配 dP/dT は，次式の**クラウジウス・クラペイロンの関係式**（Clausius–Clapeyron equation）により記述することができる。

$$\frac{dP}{dT} = \frac{\Delta Q_L}{T \Delta V_m} \tag{6.1}$$

ここで，ΔQ_L は 1 mol の低温相（α 相）が高温相（β 相）に相変態する際に吸収（$\Delta Q_L > 0$）される**潜熱**（latent heat）であり，ΔV_m は β 相のモル体積 V_m^β から α 相のモル体積 V_m^α を引いた差（$\Delta V_m \equiv V_m^\beta - V_m^\alpha$）である。式 (6.1) は，以下のような手順で導出することができる。

図 6.2 は，図6.1の水の平衡状態図における (液相 + 気相) 二相平衡の相境界線を拡大して表したものである。いま，図に示すような四つの異なる状態を考える。これらの状態はいずれも相境界線上に位置しているが，状態 I および状態 II は液相側に属し，状態 I′ および状態 II′ は気相側に属している。すなわ

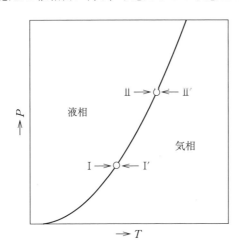

図 6.2 図6.1の平衡状態図の拡大図

ち，次式に示すように，温度 T および圧力 P は，状態 I および状態 I′ に対してそれぞれたがいに等しく，状態 II および状態 II′ に対してそれぞれたがいに等しくなっている。

$$T(\text{I}) = T(\text{I}') \tag{6.2a}$$

$$T(\text{II}) = T(\text{II}') \tag{6.2b}$$

$$P(\text{I}) = P(\text{I}') \tag{6.2c}$$

$$P(\text{II}) = P(\text{II}') \tag{6.2d}$$

ここで，状態 I と状態 II の温度差や圧力差が非常に小さい場合には，$\mathrm{d}T = T(\text{II}) - T(\text{I})$ および $\mathrm{d}P = P(\text{II}) - P(\text{I})$ として，図 6.2 の相境界線の勾配 $\mathrm{d}P/\mathrm{d}T$ を求めることができる。ところで，図 6.2 の水の平衡状態図では，液相が低温相（α相）であり，気相が高温相（β相）である。そこで，α相および β相の**モル Gibbs エネルギー**（molar Gibbs energy）をそれぞれ G_m^α および G_m^β とすると，(α + β) 二相平衡に対し，以下の関係が成り立つ。

$$G_\mathrm{m}^\alpha(\text{I}) = G_\mathrm{m}^\beta(\text{I}') \tag{6.3a}$$

$$G_\mathrm{m}^\alpha(\text{II}) = G_\mathrm{m}^\beta(\text{II}') \tag{6.3b}$$

式 (6.3a) および式 (6.3b) より，次式が得られる。

$$G_\mathrm{m}^\alpha(\text{II}) - G_\mathrm{m}^\alpha(\text{I}) = G_\mathrm{m}^\beta(\text{II}') - G_\mathrm{m}^\beta(\text{I}') \tag{6.4}$$

上述のように，状態 I と状態 II の温度差や圧力差が非常に小さい場合には，式 (6.4) の両辺のモル Gibbs エネルギーの差を $\mathrm{d}G_\mathrm{m}^\alpha$ および $\mathrm{d}G_\mathrm{m}^\beta$ と表すことができる。式 (5.16) によると，可逆過程における一元系の閉鎖系の物体のモル Gibbs エネルギー G_m に対する第一法則と第二法則の結合形は，次式のように記述される。

$$\mathrm{d}G_\mathrm{m} = -S_\mathrm{m}\mathrm{d}T + V_\mathrm{m}\mathrm{d}P \tag{6.5}$$

式 (6.5) の S_m は，**モルエントロピー**（molar entropy）である。式 (6.5) を用いると，式 (6.4) の両辺は，以下のように表すことができる。

$$\mathrm{d}G_\mathrm{m}^\alpha = G_\mathrm{m}^\alpha(\text{II}) - G_\mathrm{m}^\alpha(\text{I}) = -S_\mathrm{m}^\alpha\mathrm{d}T + V_\mathrm{m}^\alpha\mathrm{d}P \tag{6.6a}$$

$$\mathrm{d}G_\mathrm{m}^\beta = G_\mathrm{m}^\beta(\text{II}') - G_\mathrm{m}^\beta(\text{I}') = -S_\mathrm{m}^\beta\mathrm{d}T + V_\mathrm{m}^\beta\mathrm{d}P \tag{6.6b}$$

式 (6.6a) および式 (6.6b) を式 (6.4) に代入すると，次式が得られる。

$$- S_\mathrm{m}^\alpha \mathrm{d}T + V_\mathrm{m}^\alpha \mathrm{d}P = - S_\mathrm{m}^\beta \mathrm{d}T + V_\mathrm{m}^\beta \mathrm{d}P \tag{6.7}$$

式 (6.7) を変形すると，次式が導出される。

$$\frac{\mathrm{d}P}{\mathrm{d}T} = \frac{S_\mathrm{m}^\beta - S_\mathrm{m}^\alpha}{V_\mathrm{m}^\beta - V_\mathrm{m}^\alpha} = \frac{\Delta S_\mathrm{m}}{\Delta V_\mathrm{m}} \tag{6.8}$$

ここで，$\Delta S_\mathrm{m} \equiv S_\mathrm{m}^\beta - S_\mathrm{m}^\alpha$ および $\Delta V_\mathrm{m} \equiv V_\mathrm{m}^\beta - V_\mathrm{m}^\alpha$ である。また，式 (1.4a) によると，以下の関係が成り立つ。

$$\Delta S_\mathrm{m} = \frac{\Delta Q_\mathrm{L}}{T} \tag{6.9}$$

式 (6.9) を式 (6.8) に代入すると，次式が得られる。

$$\frac{\mathrm{d}P}{\mathrm{d}T} = \frac{\Delta Q_\mathrm{L}}{T \Delta V_\mathrm{m}} \tag{6.10}$$

　式 (6.10) は，式 (6.1) のクラウジウス・クラペイロンの関係式を示している。ところで，有限の温度では，$T > 0$ である。このため，式 (6.10) から知られるように，β 相（高温相）のモル体積が α 相（低温相）より大きい（$V_\mathrm{m}^\beta > V_\mathrm{m}^\alpha$）場合には $\Delta V_\mathrm{m} > 0$ であり $\mathrm{d}P/\mathrm{d}T > 0$ となるが，β 相（高温相）のモル体積が α 相（低温相）より小さい（$V_\mathrm{m}^\beta < V_\mathrm{m}^\alpha$）場合には $\Delta V_\mathrm{m} < 0$ であり $\mathrm{d}P/\mathrm{d}T < 0$ となる。多くの物質では，モル体積は高温相のほうが低温相よりも大きい。そのような物質の平衡状態図では，図 6.2 のように，(低温相 + 高温相) 二相平衡の相境界線は右上がりとなる。

6.3　平衡相の安定性

　単一相から成る一元系の閉鎖系の物体を考える。式 (5.16) によると，この物体の Gibbs エネルギー G に対する可逆過程における第一法則と第二法則の結合形は，次式のように表現される。

$$\mathrm{d}G = - S\mathrm{d}T + V\mathrm{d}P \tag{6.11}$$

式 (6.11) から知られるように，上記の物体に対する Gibbs エネルギー G の固有な独立変数は，温度 T および圧力 P である。また，式 (3.48a) および式 (3.48b) に示したように，式 (6.11) より以下の状態方程式が得られる。

$$\left(\frac{\partial G}{\partial T}\right)_P = -S \tag{6.12a}$$

$$\left(\frac{\partial G}{\partial P}\right)_T = V \tag{6.12b}$$

式 (6.12a) および式 (6.12b) の右辺のエントロピー S および体積 V の独立変数は，Gibbs エネルギー G と同様に，温度 T および圧力 P である。また，式 (5.25a) および式 (5.25c) に示したように，エントロピー S および体積 V の偏微分に対し，以下の関係が成り立つ。

$$C_P \equiv \frac{T}{n}\left(\frac{\partial S}{\partial T}\right)_P \tag{6.13a}$$

$$\kappa_T \equiv -\frac{1}{V}\left(\frac{\partial V}{\partial P}\right)_T \tag{6.13b}$$

そこで，式 (6.12a) および式 (6.12b) をそれぞれ温度 T および圧力 P で偏微分し，式 (6.13a) および式 (6.13b) を用いると，以下の関係が得られる。

$$\left(\frac{\partial^2 G}{\partial T^2}\right)_P = -\left(\frac{\partial S}{\partial T}\right)_P = -\frac{n}{T}\frac{T}{n}\left(\frac{\partial S}{\partial T}\right)_P = -\frac{n}{T}C_P \tag{6.14a}$$

$$\left(\frac{\partial^2 G}{\partial P^2}\right)_T = \left(\frac{\partial V}{\partial P}\right)_T = -V\left\{-\frac{1}{V}\left(\frac{\partial V}{\partial P}\right)_T\right\} = -V\kappa_T \tag{6.14b}$$

統計力学の知見によると，有限の温度 $T > 0$ における平衡状態では，$S > 0$ および $(\partial S/\partial T)_P > 0$ である。このため，式 (6.12a) の $(\partial G/\partial T)_P$ は，$T > 0$ において負の値となる。また，有限の量および大きさの物体では，$n > 0$ および $V > 0$ である。その結果，$T > 0$ において，式 (6.12b) の $(\partial G/\partial P)_T$ や式 (6.13a) の C_P は正の値となり，式 (6.14a) の $(\partial^2 G/\partial T^2)_P$ は負の値となる。一方，温度一定の平衡状態では，物体に加わる圧力 P が高くなると体積 V は減少するので，$(\partial V/\partial P)_T < 0$ となる。このため，式 (6.13b) の κ_T は正の値となる。逆にいえば，κ_T の値を正にするために，式 (6.13b) の右辺に負号が付いている。その結果，式 (6.14b) の $(\partial^2 G/\partial P^2)_T$ は負の値となる。平衡状態における上述の関係を整理して，以下に示す。

$$\left(\frac{\partial G}{\partial T}\right)_P < 0 \tag{6.15a}$$

$$\left(\frac{\partial^2 G}{\partial T^2}\right)_P < 0 \tag{6.15b}$$

$$\left(\frac{\partial G}{\partial P}\right)_T > 0 \tag{6.15c}$$

$$\left(\frac{\partial^2 G}{\partial P^2}\right)_T < 0 \tag{6.15d}$$

　式 (6.15a)〜(6.15d) の関係に従うと，上記の物体に対する圧力一定の G-T 線図および温度一定の G-P 線図を，それぞれ**図 6.3** (a) および (b) のように描くことができる。図 (a) の G-T 線図には，固相（α相），液相（β相）および気相（γ相）の Gibbs エネルギー曲線が示されている。ここで，G^α，G^β および G^γ は，それぞれα相，β相およびγ相の Gibbs エネルギーを表している。式 (6.15a) および式 (6.15b) から知られるように，図 (a) の各相の Gibbs エネルギー曲線は，上側に凸な右下がりの形状となる。4.4 節で述べたように，温度一定および圧力一定の条件における平衡状態では，Gibbs エネルギー G の値が最小となる。すなわち，所与の温度と圧力において Gibbs エネルギー G の値が最も小さな相が**平衡相**（equilibrium phase）となる。図 (a) の T_m および T_b は，それぞれ所与の圧力に対する物体の融点および沸点である。温度 T が

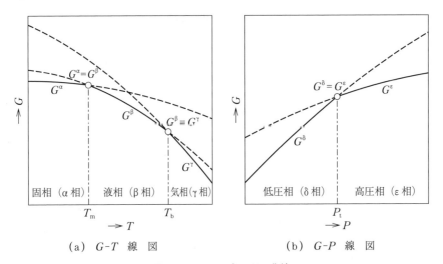

(a) G-T 線 図　　　　　(b) G-P 線 図

図 6.3　Gibbs エネルギー曲線

$T < T_m$ の低温度域では G^α の値が最も小さいので α 相（固相）が平衡相になり, $T_m < T < T_b$ の中温度域では G^β の値が最も小さいので β 相（液相）が平衡相になり, $T_b < T$ の高温度域では G^γ の値が最も小さいので γ 相（気相）が平衡相になる。また, $T = T_m$ の温度では $G^\alpha = G^\beta$ となるので α 相（固相）と β 相（液相）の二相平衡が出現し, $T = T_b$ の温度では $G^\beta = G^\gamma$ となるので β 相（液相）と γ 相（気相）の二相平衡が出現する。

一方, 図 (b) の G-P 線図には, 低圧相（δ 相）と高圧相（ε 相）の Gibbs エネルギー曲線を示している。また, G^δ および G^ε は, それぞれ δ 相および ε 相の Gibbs エネルギーを表している。式 (6.15c) および式 (6.15d) から知られるように, 図 (b) の各相の Gibbs エネルギー曲線は, 上側に凸な右上がりの形状となる。ここで, P_t は, 所与の温度に対する物体の相変態圧力である。圧力 P が $P < P_t$ の低圧力域では G^δ の値が最も小さいので δ 相（低圧相）が平衡相になり, $P > P_t$ の高圧力域では G^ε の値が最も小さいので ε 相（高圧相）が平衡相になる。また, $P = P_t$ の圧力では, $G^\delta = G^\varepsilon$ となるので, δ 相（低圧相）と ε 相（高圧相）の二相平衡が出現する。

6.4　熱力学的安定性

エントロピー S, 体積 V および成分 i のモル数 n_i が一定の条件における平衡状態は, 式 (2.4a) および式 (2.4b) に示したように, 内部エネルギー E に対する基本関係式 $E(S, V, n_1, ..., n_r)$ を用いて以下のように記述される。

$$\mathrm{d}E = 0 \tag{6.16a}$$

$$\mathrm{d}^2E > 0 \tag{6.16b}$$

式 (6.16b) は, 平衡状態の**熱力学的安定性**を表している。2.2 節〜2.4 節では, 式 (6.16a) を用いて種々の束縛条件に対する平衡状態について検討した。また, 式 (6.16b) の意味を直感的に理解するための説明を行った。本節では, 式 (6.16b) の熱力学的安定性に対する詳細な検討を行う。

上記の検討の見通しをよくするために, 閉鎖系の一元系・単相の物体を考え

る。式 (1.18) によると，この物体の内部エネルギー $E(S, V)$ に対する全微分 dE は，次式のように求められる。

$$dE = \left(\frac{\partial E}{\partial S}\right)_V dS + \left(\frac{\partial E}{\partial V}\right)_S dV = E_S dS + E_V dV \tag{6.17}$$

式 (6.17) の最右辺の E_S および E_V は，次式のように定義される一次の偏微分を表している。

$$E_S \equiv \left(\frac{\partial E}{\partial S}\right)_V \tag{6.18a}$$

$$E_V \equiv \left(\frac{\partial E}{\partial V}\right)_S \tag{6.18b}$$

式 (6.18a) および式 (6.18b) を用いると，偏微分を単純化して表すことができる。以下では，適宜，式 (6.18a) および式 (6.18b) のような単純化した偏微分の表記を用いることとする。一方，式 (1.16a) および式 (1.16b) に示したように，温度 T および圧力 P は，以下のように定義される。

$$T \equiv \left(\frac{\partial E}{\partial S}\right)_V = E_S \tag{6.19a}$$

$$P \equiv -\left(\frac{\partial E}{\partial V}\right)_S \equiv -E_V \tag{6.19b}$$

式 (6.17) に対し，混合偏微分の等価性を表す式 (5.3) の関係を用い，二次の全微分 d^2E を求めると，次式が導出される。

$$\begin{aligned}
d^2E &= d(dE) \\
&= \left\{\frac{\partial(E_S dS + E_V dV)}{\partial S}\right\}_V dS + \left\{\frac{\partial(E_S dS + E_V dV)}{\partial V}\right\}_S dV \\
&= (E_{SS} dS + E_{VS} dV)dS + (E_{SV} dS + E_{VV} dV)dV \\
&= E_{SS}(dS)^2 + E_{VS} dV dS + E_{SV} dS dV + E_{VV}(dV)^2 \\
&= E_{SS}(dS)^2 + 2E_{SV} dS dV + E_{VV}(dV)^2
\end{aligned} \tag{6.20}$$

式 (6.20) の E_{SS}, E_{VS}, E_{SV} および E_{VV} は，以下のような二次の偏微分を表している。

$$E_{SS} \equiv \left\{\frac{\partial}{\partial S}\left(\frac{\partial E}{\partial S}\right)_V\right\}_V \tag{6.21a}$$

$$E_{VS} \equiv \left\{ \frac{\partial}{\partial S} \left(\frac{\partial E}{\partial V} \right)_S \right\}_V \tag{6.21b}$$

$$E_{SV} \equiv \left\{ \frac{\partial}{\partial V} \left(\frac{\partial E}{\partial S} \right)_V \right\}_S \tag{6.21c}$$

$$E_{VV} \equiv \left\{ \frac{\partial}{\partial V} \left(\frac{\partial E}{\partial V} \right)_S \right\}_S \tag{6.21d}$$

ところで，式 (6.19a) で定義される状態方程式の温度 $T(S, V)$ に対し，一次の全微分 $\mathrm{d}T$ を求めると，次式が得られる。

$$\mathrm{d}T = \left(\frac{\partial T}{\partial S} \right)_V \mathrm{d}S + \left(\frac{\partial T}{\partial V} \right)_S \mathrm{d}V = \left(\frac{\partial E_S}{\partial S} \right)_V \mathrm{d}S + \left(\frac{\partial E_S}{\partial V} \right)_S \mathrm{d}V$$
$$= E_{SS}\mathrm{d}S + E_{SV}\mathrm{d}V \tag{6.22}$$

また，式 (6.22) の両辺を二乗すると，以下のようになる。

$$(\mathrm{d}T)^2 = (E_{SS}\mathrm{d}S + E_{SV}\mathrm{d}V)^2$$
$$= (E_{SS})^2(\mathrm{d}S)^2 + 2E_{SS}E_{SV}\mathrm{d}S\mathrm{d}V + (E_{SV})^2(\mathrm{d}V)^2 \tag{6.23}$$

式 (6.23) の両辺を E_{SS} で割ると，次式が得られる。

$$\frac{1}{E_{SS}}(\mathrm{d}T)^2 = E_{SS}(\mathrm{d}S)^2 + 2E_{SV}\mathrm{d}S\mathrm{d}V + \frac{(E_{SV})^2}{E_{SS}}(\mathrm{d}V)^2 \tag{6.24}$$

式 (6.24) を用いて式 (6.20) の最右辺を変形すると，以下の関係が導出される。

$$\mathrm{d}^2E = E_{SS}(\mathrm{d}S)^2 + 2E_{SV}\mathrm{d}S\mathrm{d}V + E_{VV}(\mathrm{d}V)^2$$
$$= E_{SS}(\mathrm{d}S)^2 + 2E_{SV}\mathrm{d}S\mathrm{d}V + \frac{(E_{SV})^2}{E_{SS}}(\mathrm{d}V)^2 - \frac{(E_{SV})^2}{E_{SS}}(\mathrm{d}V)^2 + E_{VV}(\mathrm{d}V)^2$$
$$= \frac{1}{E_{SS}}(\mathrm{d}T)^2 - \frac{(E_{SV})^2}{E_{SS}}(\mathrm{d}V)^2 + E_{VV}(\mathrm{d}V)^2$$
$$= \frac{1}{E_{SS}}(\mathrm{d}T)^2 + \left\{ E_{VV} - \frac{(E_{SV})^2}{E_{SS}} \right\}(\mathrm{d}V)^2 \tag{6.25}$$

式 (6.25) では，式 (6.20) の最右辺の第二項に現れた $\mathrm{d}S$ と $\mathrm{d}V$ の積を表す交差項（cross term）が，消去されている。ところで，以下の二次の偏微分に対し，式 (6.19a) の関係を用い，ヤコビアン法を適用すると，次式が得られる。

$$\left\{\frac{\partial}{\partial V}\left(\frac{\partial E}{\partial V}\right)_S\right\}_T = \left(\frac{\partial E_V}{\partial V}\right)_T = \frac{\partial(E_V,\,T)}{\partial(V,\,T)} = \frac{\dfrac{\partial(E_V,\,T)}{\partial(V,\,S)}}{\dfrac{\partial(V,\,T)}{\partial(V,\,S)}} = \frac{\dfrac{\partial(E_V,\,T)}{\partial(V,\,S)}}{\dfrac{\partial(T,\,V)}{\partial(S,\,V)}}$$

$$= \frac{\dfrac{\partial(E_V,\,E_S)}{\partial(V,\,S)}}{\dfrac{\partial(E_S,\,V)}{\partial(S,\,V)}} = \frac{1}{E_{SS}}\frac{\partial(E_V,\,E_S)}{\partial(V,\,S)} \tag{6.26}$$

式 (6.26) の最右辺のヤコビアンは，以下のように求められる。

$$\frac{\partial(E_V,\,E_S)}{\partial(V,\,S)} = \begin{vmatrix} \left(\dfrac{\partial E_V}{\partial V}\right)_S & \left(\dfrac{\partial E_V}{\partial S}\right)_V \\[2mm] \left(\dfrac{\partial E_S}{\partial V}\right)_S & \left(\dfrac{\partial E_S}{\partial S}\right)_V \end{vmatrix} = \begin{vmatrix} E_{VV} & E_{VS} \\ E_{SV} & E_{SS} \end{vmatrix}$$

$$= E_{VV}E_{SS} - E_{SV}E_{VS} = E_{VV}E_{SS} - (E_{SV})^2 \tag{6.27}$$

式 (6.27) を式 (6.26) に代入すると，次式が得られる。

$$\left\{\frac{\partial}{\partial V}\left(\frac{\partial E}{\partial V}\right)_S\right\}_T = \frac{E_{VV}E_{SS} - (E_{SV})^2}{E_{SS}} = E_{VV} - \frac{(E_{SV})^2}{E_{SS}} \tag{6.28}$$

式 (6.28) を式 (6.25) に代入し，式 (6.19a) および式 (6.19b) の関係を用いると，次式が導出される。

$$\begin{aligned} \mathrm{d}^2 E &= \frac{1}{E_{SS}}(\mathrm{d}T)^2 + \left\{E_{VV} - \frac{(E_{SV})^2}{E_{SS}}\right\}(\mathrm{d}V)^2 \\[2mm] &= \frac{1}{\left\{\dfrac{\partial}{\partial S}\left(\dfrac{\partial E}{\partial S}\right)_V\right\}_V}(\mathrm{d}T)^2 + \left\{\frac{\partial}{\partial V}\left(\frac{\partial E}{\partial V}\right)_S\right\}_T(\mathrm{d}V)^2 \\[2mm] &= \frac{1}{\left(\dfrac{\partial T}{\partial S}\right)_V}(\mathrm{d}T)^2 + \left(\frac{\partial P}{\partial V}\right)_T(\mathrm{d}V)^2 \\[2mm] &= \left(\frac{\partial S}{\partial T}\right)_V(\mathrm{d}T)^2 + \frac{1}{\left(-\dfrac{\partial V}{\partial P}\right)_T}(\mathrm{d}V)^2 \end{aligned} \tag{6.29}$$

ところで，式 (5.25c) および式 (5.30) に示したように，等温圧縮率 κ_T および定積モル熱容量 C_V は，以下のように定義される。

$$\kappa_T \equiv -\frac{1}{V}\left(\frac{\partial V}{\partial P}\right)_T \tag{6.30a}$$

$$C_V \equiv \frac{T}{n}\left(\frac{\partial S}{\partial T}\right)_V \tag{6.30b}$$

式 (6.30a) および式 (6.30b) を用いて式 (6.29) を変形すると，次式が得られる。

$$
\begin{aligned}
\mathrm{d}^2 E &= \left(\frac{\partial S}{\partial T}\right)_V (\mathrm{d}T)^2 + \frac{1}{\left(-\dfrac{\partial V}{\partial P}\right)_T}(\mathrm{d}V)^2 \\
&= \frac{n}{T}\frac{T}{n}\left(\frac{\partial S}{\partial T}\right)_V (\mathrm{d}T)^2 + \frac{1}{V\left\{-\dfrac{1}{V}\left(\dfrac{\partial V}{\partial P}\right)_T\right\}}(\mathrm{d}V)^2 \\
&= \frac{n}{T}C_V(\mathrm{d}T)^2 + \frac{1}{V\kappa_T}(\mathrm{d}V)^2 \tag{6.31}
\end{aligned}
$$

式 (6.31) の最右辺の各熱力学量に対し，有限の量および大きさの物体では，$n > 0$ および $V > 0$ である。また，6.3 節で述べたように，温度一定の平衡状態では，κ_T は正の値となる。一方，統計力学の知見によると，有限の温度 $T > 0$ における平衡状態では $(\partial S/\partial T)_V > 0$ であるので，式 (6.30b) の定義による C_V は正の値となる。また，任意の $\mathrm{d}T$ および $\mathrm{d}V$ の変化に対し，$(\mathrm{d}T)^2 > 0$ および $(\mathrm{d}V)^2 > 0$ の関係が成立する。このため，式 (6.31) の最右辺の値は正となり，平衡状態の熱力学的安定性を表す式 (6.16b) が成立する。

　ところで，4.1 節で述べたように，恒温槽に覆われた温度が一定の定積系および閉鎖系の物体は，次式のように平衡状態において物体の Helmholtz エネルギー F が最小になる。

$$\mathrm{d}F = 0 \tag{6.32a}$$

$$\mathrm{d}^2 F > 0 \tag{6.32b}$$

また，式 (4.5) に示したように，物体および恒温槽の内部エネルギーをそれぞれ E および E^{R} とすると，次式の関係が成り立つ。

$$
\begin{aligned}
\mathrm{d}^2 F &= \mathrm{d}^2(E + E^{\mathrm{R}}) = \mathrm{d}\{\mathrm{d}(E + E^{\mathrm{R}})\} = \mathrm{d}(\mathrm{d}E + \mathrm{d}E^{\mathrm{R}}) \\
&= \mathrm{d}^2 E + \mathrm{d}^2 E^{\mathrm{R}} \tag{6.33}
\end{aligned}
$$

ここで，恒温槽に比べると，物体の大きさは無視できるほど小さい。そのよう

な場合には，式 (6.33) の最右辺の値は恒温槽の熱力学量に支配されて決まる
ことになり，以下の関係が成立する。

$$d^2F \cong d^2E^R \tag{6.34}$$

恒温槽が閉鎖系の一元系・単相の巨大な槽であれば，式 (6.31) を用いて式
(6.34) の d^2E^R の値を評価することができる。また，式 (6.34) によると，d^2F
の値は，物体の成分や相の数に依存せず，d^2E^R の値に等しくなる。その結果，
恒温槽に覆われた温度が一定の定積系および閉鎖系の物体に対し，式 (6.32b)
が成立する。

また，4.2 節で述べたように，恒圧槽に覆われた圧力が一定の断熱系および
閉鎖系の物体は，次式のように平衡状態において物体のエンタルピー H が最
小になる。

$$dH = 0 \tag{6.35a}$$

$$d^2H > 0 \tag{6.35b}$$

一方，4.3 節で述べたように，恒温恒圧槽に覆われた温度および圧力が一定の
閉鎖系の物体は，次式のように平衡状態において物体の Gibbs エネルギー G
が最小になる。

$$dG = 0 \tag{6.36a}$$

$$d^2G > 0 \tag{6.36b}$$

エンタルピー H に対する式 (6.35b) や Gibbs エネルギー G に対する式 (6.36b)
は，Helmholtz エネルギー F に対する式 (6.32b) と同様に，上記の手法を用い
て導出することができる。

多成分系の相平衡

7.1 モル Gibbs エネルギーと化学ポテンシャル

　温度 T および圧力 P が一定の条件で，r 元系の閉鎖系の物体において，α 相およびβ 相の二つの溶体相がたがいに平衡する場合を考える。図7.1 は，その様子を模式的に示している。このような条件における平衡状態では，4.3 節で述べたように，物体の Gibbs エネルギーが最小となる。また，2.4 節の検討結果から知られるように，α 相およびβ 相における各成分の化学ポテンシャルがたがいに等しくなる。ところで，3.4 節で述べたように，基本関係式である Gibbs エネルギー G の状態方程式を構成する化学ポテンシャル μ_i は，部分モル Gibbs エネルギー G_i に対応している。すなわち，化学ポテンシャルは，基本関係式の Gibbs エネルギーと整合性の高い状態方程式である。このような整合性を明示するために，本章では，化学ポテンシャルの変数名として G_i を用いることにする。その結果，上記の平衡状態は，次式のように表すことができる。

$$G_i^\alpha = G_i^\beta \qquad (i = 1, 2, 3, ..., r) \tag{7.1}$$

ここで，化学ポテンシャル G_i^α および G_i^β を数学関数で記述できれば，式 (7.1)

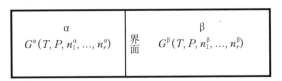

図 7.1 α 相とβ 相から成る r 元系の物体

の連立方程式を解くことにより，α 相と β 相の相平衡を計算によって評価することができる。

3.4 節で述べたように，溶体 θ 相の Gibbs エネルギー G^θ は，温度 T，圧力 P および成分 i のモル数 n_i^θ を固有な独立変数とする基本関係式であるが，θ 相の総量に依存して変化する。そこで，θ 相 1 mol 当りのモル Gibbs エネルギー G_{m}^θ を次式のように定義する。

$$G_{\mathrm{m}}^\theta \equiv \frac{G^\theta}{n^\theta} = \frac{G^\theta}{n_1^\theta + n_2^\theta + \cdots + n_r^\theta} \tag{7.2}$$

式 (7.2) の n^θ は，成分 i のモル数 n_i^θ の総和である。また，θ 相中における成分 i の組成を表す新しい変数として，**モル分率** x_i^θ を以下のように定義する。

$$x_i^\theta \equiv \frac{n_i^\theta}{n^\theta} = \frac{n_i^\theta}{n_1^\theta + n_2^\theta + \cdots + n_r^\theta} \tag{7.3}$$

式 (7.3) のモル分率 x_i^θ を用いると，モル Gibbs エネルギー G_{m}^θ は，次式のように T，P および x_i^θ を独立変数とする数学関数で記述することができる。

$$G_{\mathrm{m}}^\theta = G_{\mathrm{m}}^\theta(T, P, x_1^\theta, x_2^\theta, ..., x_r^\theta) \tag{7.4}$$

式 (7.4) のモル Gibbs エネルギー $G_{\mathrm{m}}^\theta(T, P, x_1^\theta, ..., x_r^\theta)$ は，温度 T，圧力 P および成分 i のモル数 n_i^θ を指定すると θ 相の量に依存せず唯一の値に決まるので，θ 相の熱力学的性質を記述するための有用な熱力学関数となる。そこで，相平衡に関する以下の議論では，モル Gibbs エネルギー G_{m}^θ を用いることにする。

ところで，式 (3.48c) に示したように，θ 相中における成分 i の化学ポテンシャル G_i^θ は，次式のように定義される。

$$G_i^\theta \equiv \left(\frac{\partial G^\theta}{\partial n_i^\theta} \right)_{T, P, n_1^\theta, n_2^\theta, ..., n_{i-1}^\theta, n_{i+1}^\theta, ..., n_r^\theta} \tag{7.5}$$

式 (7.5) の定義に従うと，成分 i の化学ポテンシャル G_i^θ は，式 (7.4) のモル Gibbs エネルギー G_{m}^θ を用いて以下のように計算することができる。

$$G_i^\theta = G_{\mathrm{m}}^\theta - \sum_{j=1}^{r} x_j^\theta \frac{\partial G_{\mathrm{m}}^\theta}{\partial x_j^\theta} + \frac{\partial G_{\mathrm{m}}^\theta}{\partial x_i^\theta} \tag{7.6}$$

式 (7.3) の定義によると，$\sum_{i=1}^{r} x_i^\theta = 1$ である。このため，一つの成分 i のモル

分率 x_i^θ は，残りの $(r-1)$ 種類の成分 j のモル分率 $x_{j(j \neq i)}^\theta$ の従属変数となる。しかし，式 (7.6) では，全成分のモル分率 x_i^θ を G_m^θ の形式的な独立変数としている。このような数学的な手法により，モル Gibbs エネルギー G_m^θ に対する各成分の対称性が確保され，溶質成分と溶媒成分を区別する煩雑さから解放される。この手法の便利さは，多元系の問題を解く際に実感できる。なお，式 (7.6) の偏微分では，記述を単純化するために，偏微分の対象から外れる独立変数を列挙した下付添字を省略している。

式 (7.6) は，以下の手順で導出することができる。なお，導出過程の見通しをよくするために，$r = 3$ としている。このように成分数を限定しても，導出法の一般性は失われない。モル Gibbs エネルギー G_m^θ の定義を表す式 (7.2) より，次式が得られる。

$$G^\theta = n^\theta G_m^\theta = (n_1^\theta + n_2^\theta + n_3^\theta) G_m^\theta \tag{7.7}$$

θ 相中における成分 1 の化学ポテンシャル G_1^θ は，式 (7.7) の関係を式 (7.5) に代入することにより，以下のように求められる。

$$
\begin{aligned}
G_1^\theta &= \left(\frac{\partial G^\theta}{\partial n_1^\theta} \right)_{T, P, n_2^\theta, n_3^\theta} = \frac{\partial}{\partial n_1^\theta} \{ (n_1^\theta + n_2^\theta + n_3^\theta) G_m^\theta \}_{T, P, n_2^\theta, n_3^\theta} \\
&= G_m^\theta \left\{ \frac{\partial (n_1^\theta + n_2^\theta + n_3^\theta)}{\partial n_1^\theta} \right\}_{T, P, n_2^\theta, n_3^\theta} + (n_1^\theta + n_2^\theta + n_3^\theta) \left(\frac{\partial G_m^\theta}{\partial n_1^\theta} \right)_{T, P, n_2^\theta, n_3^\theta} \\
&= G_m^\theta + (n_1^\theta + n_2^\theta + n_3^\theta) \left(\frac{\partial G_m^\theta}{\partial x_1^\theta} \frac{\partial x_1^\theta}{\partial n_1^\theta} + \frac{\partial G_m^\theta}{\partial x_2^\theta} \frac{\partial x_2^\theta}{\partial n_1^\theta} + \frac{\partial G_m^\theta}{\partial x_3^\theta} \frac{\partial x_3^\theta}{\partial n_1^\theta} \right)
\end{aligned}
\tag{7.8}
$$

式 (7.4) によると，G_m^θ は x_i^θ の関数である。ところで，x_i^θ の定義を表す式 (7.3) から知られるように，成分 2 および成分 3 のモル数 n_2^θ および n_3^θ が一定であっても，成分 1 のモル数 n_1^θ の値が変われば，全成分のモル分率 x_1^θ, x_2^θ および x_3^θ が変化する。このため，式 (7.8) の最右辺の第二項に示すように，偏微分 $\partial G_m^\theta / \partial n_1^\theta$ を計算するためには，すべての x_i^θ に対する偏微分 $\partial G_m^\theta / \partial x_i^\theta$ を考慮する必要がある。一方，同第二項の偏微分 $\partial x_i^\theta / \partial n_1^\theta$ は，式 (7.3) の関係を用いて，以下のように計算される。

$$\frac{\partial x_1^{\theta}}{\partial n_1^{\theta}} = \frac{\partial}{\partial n_1^{\theta}}\left(\frac{n_1^{\theta}}{n_1^{\theta} + n_2^{\theta} + n_3^{\theta}}\right) = \frac{(n_1^{\theta} + n_2^{\theta} + n_3^{\theta}) - n_1^{\theta}}{(n_1^{\theta} + n_2^{\theta} + n_3^{\theta})^2} = \frac{1 - x_1^{\theta}}{n_1^{\theta} + n_2^{\theta} + n_3^{\theta}}$$

(7.9a)

$$\frac{\partial x_2^{\theta}}{\partial n_1^{\theta}} = \frac{\partial}{\partial n_1^{\theta}}\left(\frac{n_2^{\theta}}{n_1^{\theta} + n_2^{\theta} + n_3^{\theta}}\right) = \frac{-n_2^{\theta}}{(n_1^{\theta} + n_2^{\theta} + n_3^{\theta})^2} = \frac{-x_2^{\theta}}{n_1^{\theta} + n_2^{\theta} + n_3^{\theta}} \quad (7.9b)$$

$$\frac{\partial x_3^{\theta}}{\partial n_1^{\theta}} = \frac{\partial}{\partial n_1^{\theta}}\left(\frac{n_3^{\theta}}{n_1^{\theta} + n_2^{\theta} + n_3^{\theta}}\right) = \frac{-n_3^{\theta}}{(n_1^{\theta} + n_2^{\theta} + n_3^{\theta})^2} = \frac{-x_3^{\theta}}{n_1^{\theta} + n_2^{\theta} + n_3^{\theta}} \quad (7.9c)$$

式 (7.9a)〜(7.9c) の関係を式 (7.8) の最右辺に代入すると，次式が導出される．

$$\begin{aligned}
G_1^{\theta} &= G_{\mathrm{m}}^{\theta} + \frac{n_1^{\theta} + n_2^{\theta} + n_3^{\theta}}{n_1^{\theta} + n_2^{\theta} + n_3^{\theta}}\left\{(1 - x_1^{\theta})\frac{\partial G_{\mathrm{m}}^{\theta}}{\partial x_1^{\theta}} - x_2^{\theta}\frac{\partial G_{\mathrm{m}}^{\theta}}{\partial x_2^{\theta}} - x_3^{\theta}\frac{\partial G_{\mathrm{m}}^{\theta}}{\partial x_3^{\theta}}\right\} \\
&= G_{\mathrm{m}}^{\theta} - x_1^{\theta}\frac{\partial G_{\mathrm{m}}^{\theta}}{\partial x_1^{\theta}} - x_2^{\theta}\frac{\partial G_{\mathrm{m}}^{\theta}}{\partial x_2^{\theta}} - x_3^{\theta}\frac{\partial G_{\mathrm{m}}^{\theta}}{\partial x_3^{\theta}} + \frac{\partial G_{\mathrm{m}}^{\theta}}{\partial x_1^{\theta}} \\
&= G_{\mathrm{m}}^{\theta} - \sum_{i=1}^{3} x_i^{\theta}\frac{\partial G_{\mathrm{m}}^{\theta}}{\partial x_i^{\theta}} + \frac{\partial G_{\mathrm{m}}^{\theta}}{\partial x_1^{\theta}}
\end{aligned}$$

(7.10a)

同様に，成分 2 および成分 3 に対し，次式が得られる．

$$G_2^{\theta} = G_{\mathrm{m}}^{\theta} - \sum_{i=1}^{3} x_i^{\theta}\frac{\partial G_{\mathrm{m}}^{\theta}}{\partial x_i^{\theta}} + \frac{\partial G_{\mathrm{m}}^{\theta}}{\partial x_2^{\theta}}$$

(7.10b)

$$G_3^{\theta} = G_{\mathrm{m}}^{\theta} - \sum_{i=1}^{3} x_i^{\theta}\frac{\partial G_{\mathrm{m}}^{\theta}}{\partial x_i^{\theta}} + \frac{\partial G_{\mathrm{m}}^{\theta}}{\partial x_3^{\theta}}$$

(7.10c)

上記と同様の手順により，任意の r 元系の θ 相における成分 i の化学ポテンシャル G_i^{θ} も容易に求めることができる．その結果，式 (7.6) が得られる．

7.2　二元系の二相平衡

　7.1 節で導出した関係式を用い，成分 A および成分 B から成る二元系（A-B 二元系）の閉鎖系の物体における $(\alpha + \beta)$ 二相平衡に対する検討を行うこととする．温度一定および圧力一定の条件では，各相のモル Gibbs エネルギー G_{m}^{θ} は，成分 A および成分 B のモル分率 x_{A}^{θ} および x_{B}^{θ} を独立変数とする数学関数で記述することができる．しかし，式 (7.3) の定義から知られるように，物理的には，x_{A}^{θ} と x_{B}^{θ} の間に次式の従属関係が成り立つ．

$$x_A^\theta + x_B^\theta = 1 \tag{7.11}$$

そこで，式 (7.6) より化学ポテンシャル G_A^θ および G_B^θ を求め，式 (7.11) の従属関係を反映させると，次式が導出される。

$$G_A^\theta = G_m^\theta - x_B^\theta \frac{\mathrm{d}G_m^\theta}{\mathrm{d}x_B^\theta} \tag{7.12a}$$

$$G_B^\theta = G_m^\theta + (1 - x_B^\theta) \frac{\mathrm{d}G_m^\theta}{\mathrm{d}x_B^\theta} \tag{7.12b}$$

式 (7.12a) および式 (7.12b) の $\mathrm{d}G_m^\theta / \mathrm{d}x_B^\theta$ は，x_B^θ のみを独立変数とする関数 G_m^θ に対する**常微分** (ordinary differential) である。これに対し，式 (7.6) の $\partial G_m^\theta / \partial x_i^\theta$ は，全成分 i の x_i^θ を独立変数とする関数 G_m^θ に対する偏微分である。

式 (7.12a) および式 (7.12b) は，以下のように求めることができる。すなわち，式 (7.6) により G_A^θ および G_B^θ を算出し，式 (7.11) の従属関係を用いると，以下の関係が導かれる。

$$G_A^\theta = G_m^\theta - x_A^\theta \frac{\partial G_m^\theta}{\partial x_A^\theta} - x_B^\theta \frac{\partial G_m^\theta}{\partial x_B^\theta} + \frac{\partial G_m^\theta}{\partial x_A^\theta} = G_m^\theta - (1 - x_B^\theta) \frac{\partial G_m^\theta}{\partial x_A^\theta} - x_B^\theta \frac{\partial G_m^\theta}{\partial x_B^\theta} + \frac{\partial G_m^\theta}{\partial x_A^\theta}$$

$$= G_m^\theta - x_B^\theta \left(\frac{\partial G_m^\theta}{\partial x_B^\theta} - \frac{\partial G_m^\theta}{\partial x_A^\theta} \right) \tag{7.13a}$$

$$G_B^\theta = G_m^\theta - x_A^\theta \frac{\partial G_m^\theta}{\partial x_A^\theta} - x_B^\theta \frac{\partial G_m^\theta}{\partial x_B^\theta} + \frac{\partial G_m^\theta}{\partial x_B^\theta} = G_m^\theta - x_A^\theta \frac{\partial G_m^\theta}{\partial x_A^\theta} - (1 - x_A^\theta) \frac{\partial G_m^\theta}{\partial x_B^\theta} + \frac{\partial G_m^\theta}{\partial x_B^\theta}$$

$$= G_m^\theta + x_A^\theta \left(\frac{\partial G_m^\theta}{\partial x_B^\theta} - \frac{\partial G_m^\theta}{\partial x_A^\theta} \right) \tag{7.13b}$$

また，式 (7.11) より，次式が得られる。

$$\mathrm{d}x_A^\theta + \mathrm{d}x_B^\theta = 0, \qquad \mathrm{d}x_A^\theta = -\mathrm{d}x_B^\theta \tag{7.14}$$

式 (7.14) を考慮すると，以下の関係が成立する。

$$\frac{\mathrm{d}G_m^\theta}{\mathrm{d}x_B^\theta} = \frac{\partial G_m^\theta}{\partial x_A^\theta} \frac{\mathrm{d}x_A^\theta}{\mathrm{d}x_B^\theta} + \frac{\partial G_m^\theta}{\partial x_B^\theta} \frac{\mathrm{d}x_B^\theta}{\mathrm{d}x_B^\theta} = \frac{\partial G_m^\theta}{\partial x_A^\theta} \left(-\frac{\mathrm{d}x_B^\theta}{\mathrm{d}x_B^\theta} \right) + \frac{\partial G_m^\theta}{\partial x_B^\theta} \frac{\mathrm{d}x_B^\theta}{\mathrm{d}x_B^\theta}$$

$$= \frac{\partial G_m^\theta}{\partial x_B^\theta} - \frac{\partial G_m^\theta}{\partial x_A^\theta} \tag{7.15}$$

式 (7.15) は，式 (7.6) の偏微分 $\partial G_m^\theta / \partial x_A^\theta$ および $\partial G_m^\theta / \partial x_B^\theta$ を式 (7.12a) および式 (7.12b) の常微分 $\mathrm{d}G_m^\theta / \mathrm{d}x_B^\theta$ へ変換するための関係式である。式 (7.15) を式

(7.13a) および式 (7.13b) の最右辺に代入し，式 (7.11) の関係を用いると，以下の式が導出される。

$$G_A^\theta = G_m^\theta - x_B^\theta \left(\frac{\partial G_m^\theta}{\partial x_B^\theta} - \frac{\partial G_m^\theta}{\partial x_A^\theta} \right) = G_m^\theta - x_B^\theta \frac{dG_m^\theta}{dx_B^\theta} \tag{7.16a}$$

$$G_B^\theta = G_m^\theta + x_A^\theta \left(\frac{\partial G_m^\theta}{\partial x_B^\theta} - \frac{\partial G_m^\theta}{\partial x_A^\theta} \right) = G_m^\theta + x_A^\theta \frac{dG_m^\theta}{dx_B^\theta}$$

$$= G_m^\theta + (1 - x_B^\theta) \frac{dG_m^\theta}{dx_B^\theta} \tag{7.16b}$$

式 (7.16a) および式 (7.16b) は，それぞれ式 (7.12a) および式 (7.12b) を表している。

　式 (7.12a) および式 (7.12b) の関係を用いると，化学ポテンシャル G_A^θ および G_B^θ の値を幾何学的に求めることができる。**図 7.2** は，温度一定および圧力一定の条件における溶体 θ 相のモル Gibbs エネルギー–組成線図を模式的に示している。式 (7.12a) および式 (7.12b) の右辺第一項の G_m^θ は，図の組成 x_B^θ におけるモル Gibbs エネルギーの値を表している。また，式 (7.12a) および式 (7.12b) の右辺第二項の常微分 dG_m^θ/dx_B^θ は，組成 x_B^θ におけるモル Gibbs エネルギー曲線の接線の勾配に対応している。このため，式 (7.12a) の右辺のよう

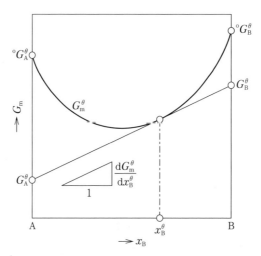

図 7.2 A-B 二元系の θ 相のモル Gibbs エネルギー–組成線図

に，勾配 dG_m^θ/dx_B^θ に x_B^θ を掛けて G_m^θ から差し引くと，$x_B = 0$ の縦軸における上記接線の切片の値が求められる。また，式 (7.12b) の右辺のように，勾配 dG_m^θ/dx_B^θ に $(1 - x_B^\theta)$ を掛けて G_m^θ に足し合わせると，$x_B = 1$ の縦軸における上記接線の切片の値が求められる。すなわち，G_A^θ および G_B^θ は，それぞれ $x_B = 0$ および $x_B = 1$ の縦軸における上記接線の切片の値に対応している。ところで，A-B 二元系の θ 相に対する示強変数は，温度 T，圧力 P，成分 A および成分 B の化学ポテンシャル G_A^θ および G_B^θ の合計四つである。一方，式 (2.34) の Gibbs-Duhem の関係式によると，これら四つの示強変数のうち，三つは独立変数であるが，残り一つは従属変数である。図 7.2 のモル Gibbs エネルギー–組成線図では，二つの示強変数 T および P の値が指定されているので，独立な示強変数の数は一つに減る。図から知られるように，組成 x_B^θ を指定すれば二つの示強変数 G_A^θ および G_B^θ の値が同時に決まる。このように，図 7.2 の化学ポテンシャルの幾何学的な導出法には，Gibbs-Duhem の関係式が反映されている。

　ところで，式 (7.1) によると，温度一定および圧力一定の条件における A-B 二元系の $(\alpha + \beta)$ 二相平衡は，次式のように表される。

$$G_A^\alpha = G_A^\beta \tag{7.17a}$$

$$G_B^\alpha = G_B^\beta \tag{7.17b}$$

図 7.2 の幾何学的な関係や式 (7.17a) および式 (7.17b) の熱力学平衡条件によると，$(\alpha + \beta)$ 二相平衡を構成する α 相および β 相の組成 $x_B^{\alpha/\beta}$ および $x_B^{\beta/\alpha}$ は，**図 7.3** (a) のモル Gibbs エネルギー–組成線図に示す G_m^α 曲線および G_m^β 曲線の共通接線の接点組成にそれぞれ対応することになる。これらの接点組成を種々の異なる温度に対して求め図 (b) の平衡状態図にプロットすると，$(\alpha + \beta)$ 二相平衡の相境界線を決定することができる。ところで，図 (b) の平衡状態図において，一定温度に対する $x_B^{\alpha/\beta}$ および $x_B^{\beta/\alpha}$ の組成点を結ぶ水平な直線を**タイライン**（tie-line）と呼ぶ。二元系平衡状態図の二相領域には，通常明示されないが，温度の異なる無数のタイラインが存在する。式 (7.1) の熱力学平衡条件に基づく二相平衡の計算とは，タイラインの両端組成を求めることである。以下では，タイラインの両端組成を単にタイライン組成と呼ぶことにする。

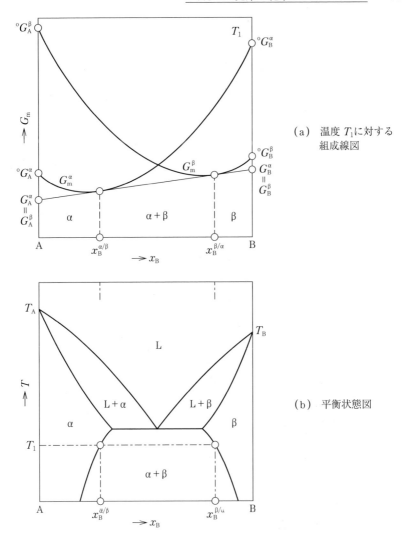

(a) 温度 T_1 に対する
組成線図

(b) 平衡状態図

図 7.3 A-B 二元系のモル Gibbs エネルギー–組成線図 (a) と平衡状態図 (b)

7.3 三元系の化学ポテンシャル

7.2 節では，二元系の溶体相に対する図 7.2 のようなモル Gibbs エネルギー–
組成線図を用いると，溶体相における各成分の化学ポテンシャルが幾何学的に

求められることを述べた。二元系の溶体相に対するこのような幾何学的な方法は，三元系の溶体相に対し拡張することができる。以下では，三元系の溶体相に対する幾何学的な方法について説明する。

温度一定および圧力一定の平衡状態における成分1，2および3から成る三元系（1-2-3三元系）の溶体 θ 相に対するモル Gibbs エネルギー G_m^θ–組成曲面図を，**図7.4** に模式的に示す。図において，組成 $x_1 = x_1^\theta$，$x_2 = x_2^\theta$ および $x_3 = x_3^\theta$ における θ 相中の成分1，2および3の化学ポテンシャル G_1^θ，G_2^θ および G_3^θ は，組成点 $(x_1^\theta, x_2^\theta, x_3^\theta)$ における G_m^θ 曲面の接平面がそれぞれ $x_1 = 1$，$x_2 = 1$ および $x_3 = 1$ における縦軸と交差する切片の値として求められる。このような幾何学的な関係は，以下のように導出することができる。まず，上記の三つの成分のうち，成分3について考える。成分3の化学ポテンシャル G_3^θ は，式 (7.6) より，次式のように求められる。

$$G_3^\theta = G_\mathrm{m}^\theta - x_1 \frac{\partial G_\mathrm{m}^\theta}{\partial x_1} - x_2 \frac{\partial G_\mathrm{m}^\theta}{\partial x_2} - x_3 \frac{\partial G_\mathrm{m}^\theta}{\partial x_3} + \frac{\partial G_\mathrm{m}^\theta}{\partial x_3} \tag{7.18}$$

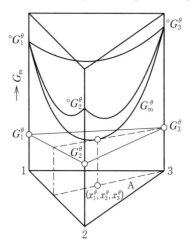

図7.4 1-2-3三元系の G_m^θ 曲面と接平面

式 (7.18) の x_1，x_2 および x_3 は変数であるが，x_1^θ，x_2^θ および x_3^θ は上記の接平面の接点組成を表す定数である。式 (7.6) と同様に，式 (7.18) では，x_1，x_2 および x_3 が数学的にたがいに独立であるとして偏微分を求めている。しかし，7.2節で述べたように，実際には $x_1 + x_2 + x_3 = 1$ の関係が成立するので，式

(7.18) の偏微分は数学的に有用であるが物理的な意味をもたないことになる。ところで，化学ポテンシャル G_i^θ の定義を表す式 (7.5) では，成分 i のモル数 n_i によって Gibbs エネルギー G^θ を偏微分する際に，成分 i を除くすべての成分 j のモル数 n_j の値を一定に保っている。このことは，成分 i のモル分率 x_i の値を変化させた際に，成分 i を除くすべての成分 j のモル分率 x_j の比を一定に保つことに対応する。式 (7.5) におけるこのような物理的な意味を化学ポテンシャル G_i^θ の計算に反映させるためには，図 7.4 に示すように，組成点 $(x_1^\theta,$ $x_2^\theta, x_3^\theta)$ および $(0,0,1)$ を結ぶ直線（以下では直線 A と呼ぶ）に沿って G_m^θ に対する微分を行えばよい。ここで，組成点 $(0,0,1)$ は，$x_1 = 0$，$x_2 = 0$ および $x_3 = 1$ の組成を表している。同様に，組成点 $(1,0,0)$ は $x_1 = 1$，$x_2 = 0$ および $x_3 = 0$ の組成を表し，組成点 $(0,1,0)$ は $x_1 = 0$，$x_2 = 1$ および $x_3 = 0$ の組成を表している。このような微分に基づく計算法を以下に示す。

式 (7.3) の定義によると，モル分率 x_1，x_2 および x_3 の間に以下の従属関係が成り立つ。

$$x_1 + x_2 + x_3 = 1 \tag{7.19a}$$
$$dx_1 + dx_2 + dx_3 = 0 \tag{7.19b}$$

図 7.5 は，図 7.4 のモル Gibbs エネルギー G_m^θ-組成曲面図に対し，底面に垂直

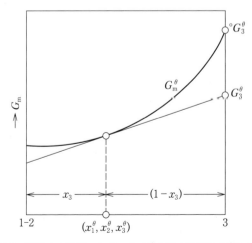

図 7.5 図 7.4 の直線 A に沿った G_m^θ 曲面の縦断面曲線と接線

で直線 A を含む平面によって G_m^θ 曲面を切断した縦断面曲線図を示している。以下では，図 7.5 の縦断面曲線を G_m^θ 曲線と呼ぶことにする。図 7.4 の直線 A に沿う微分は，図 7.5 の横軸に沿う常微分に対応する。図 7.5 の常微分では，三つのモル分率のうち，x_3 のみが独立変数となっている。その際，x_3 が変化しても，x_1 と x_2 の比は一定に保たれる。このため，以下の関係が成立する。

$$\mathrm{d}x_1 = -\frac{x_1}{x_1+x_2}\,\mathrm{d}x_3 \tag{7.20a}$$

$$\mathrm{d}x_2 = -\frac{x_2}{x_1+x_2}\,\mathrm{d}x_3 \tag{7.20b}$$

式 (7.20a) および式 (7.20b) を式 (7.19b) の左辺に代入すると，次式が得られる。

$$\begin{aligned}
\mathrm{d}x_1 + \mathrm{d}x_2 + \mathrm{d}x_3 &= -\frac{x_1}{x_1+x_2}\,\mathrm{d}x_3 - \frac{x_2}{x_1+x_2}\,\mathrm{d}x_3 + \mathrm{d}x_3 \\
&= -\frac{x_1+x_2}{x_1+x_2}\,\mathrm{d}x_3 + \mathrm{d}x_3 = -\,\mathrm{d}x_3 + \mathrm{d}x_3 = 0 \tag{7.21}
\end{aligned}$$

式 (7.21) から知られるように，式 (7.20a) および式 (7.20b) は，モル分率の従属関係を表す式 (7.19b) の条件を満たしている。そこで，式 (7.20a) および式 (7.20b) を用い，図 7.5 の横軸に沿って x_3 による G_m^θ の常微分を計算すると，以下の関係が成り立つ。

$$\begin{aligned}
\frac{\mathrm{d}G_\text{m}^\theta}{\mathrm{d}x_3} &= \frac{\partial G_\text{m}^\theta}{\partial x_1}\frac{\mathrm{d}x_1}{\mathrm{d}x_3} + \frac{\partial G_\text{m}^\theta}{\partial x_2}\frac{\mathrm{d}x_2}{\mathrm{d}x_3} + \frac{\partial G_\text{m}^\theta}{\partial x_3}\frac{\mathrm{d}x_3}{\mathrm{d}x_3} \\
&= \frac{\partial G_\text{m}^\theta}{\partial x_3} - \frac{x_1}{x_1+x_2}\frac{\partial G_\text{m}^\theta}{\partial x_1} - \frac{x_2}{x_1+x_2}\frac{\partial G_\text{m}^\theta}{\partial x_2} \tag{7.22}
\end{aligned}$$

式 (7.19a) および式 (7.22) の関係を用いて式 (7.18) を変形すると，次式が導出される。

$$\begin{aligned}
G_3^\theta &= G_\text{m}^\theta - x_1\frac{\partial G_\text{m}^\theta}{\partial x_1} - x_2\frac{\partial G_\text{m}^\theta}{\partial x_2} - (1 - x_1 - x_2)\frac{\partial G_\text{m}^\theta}{\partial x_3} + \frac{\partial G_\text{m}^\theta}{\partial x_3} \\
&= G_\text{m}^\theta + (x_1+x_2)\frac{\partial G_\text{m}^\theta}{\partial x_3} - x_1\frac{\partial G_\text{m}^\theta}{\partial x_1} - x_2\frac{\partial G_\text{m}^\theta}{\partial x_2} \\
&= G_\text{m}^\theta + (x_1+x_2)\left(\frac{\partial G_\text{m}^\theta}{\partial x_3} - \frac{x_1}{x_1+x_2}\frac{\partial G_\text{m}^\theta}{\partial x_1} - \frac{x_2}{x_1+x_2}\frac{\partial G_\text{m}^\theta}{\partial x_2}\right)
\end{aligned}$$

$$= G_{\mathrm{m}}^{\theta} + (x_1 + x_2)\frac{\mathrm{d}G_{\mathrm{m}}^{\theta}}{\mathrm{d}x_3} = G_{\mathrm{m}}^{\theta} + (1 - x_3)\frac{\mathrm{d}G_{\mathrm{m}}^{\theta}}{\mathrm{d}x_3} \tag{7.23}$$

図 7.5 の幾何学的な関係から知られるように, 式 (7.23) は, 組成点 $(x_1^{\theta}, x_2^{\theta}, x_3^{\theta})$ における G_{m}^{θ} 曲線の接線が $x_3 = 1$ における縦軸と交差した切片の値が G_3^{θ} に対応することを表している。上記の G_3^{θ} と同様の手順により, 成分 1 および成分 2 の G_1^{θ} および G_2^{θ} に対し, 以下の関係が得られる。

$$G_1^{\theta} = G_{\mathrm{m}}^{\theta} + (1 - x_1)\frac{\mathrm{d}G_{\mathrm{m}}^{\theta}}{\mathrm{d}x_1} \tag{7.24a}$$

$$G_2^{\theta} = G_{\mathrm{m}}^{\theta} + (1 - x_2)\frac{\mathrm{d}G_{\mathrm{m}}^{\theta}}{\mathrm{d}x_2} \tag{7.24b}$$

ここで, 式 (7.24a) の $\mathrm{d}G_{\mathrm{m}}^{\theta}/\mathrm{d}x_1$ は組成点 $(x_1^{\theta}, x_2^{\theta}, x_3^{\theta})$ および $(1, 0, 0)$ を結ぶ直線に沿った常微分を表し, 式 (7.24b) の $\mathrm{d}G_{\mathrm{m}}^{\theta}/\mathrm{d}x_2$ は組成点 $(x_1^{\theta}, x_2^{\theta}, x_3^{\theta})$ および $(0, 1, 0)$ を結ぶ直線に沿った常微分を表している。式 (7.24a) および式 (7.24b) は, 式 (7.23) と同様に, G_{m}^{θ} 曲面のそれぞれ対応する縦断面曲線の接線と $x_1 = 1$ および $x_2 = 1$ における縦軸との切片により, 化学ポテンシャル G_1^{θ} および G_2^{θ} の値が求められることを示している。図 7.4 および図 7.5 から知られるように, これら三つのすべての接線は, 組成点 $(x_1^{\theta}, x_2^{\theta}, x_3^{\theta})$ における G_{m}^{θ} 曲面の接平面に乗っている。

式 (7.1) によると, 温度一定および圧力一定の条件における 1-2-3 三元系の $(\alpha + \beta)$ 二相平衡は, 次式のように表すことができる。

$$G_1^{\alpha} = G_1^{\beta} \tag{7.25a}$$

$$G_2^{\alpha} = G_2^{\beta} \tag{7.25b}$$

$$G_3^{\alpha} = G_3^{\beta} \tag{7.25c}$$

また, **図 7.6** は, 上記の 1-2-3 三元系の α 相および β 相に対するモル Gibbs エネルギー–組成曲面図を表している。ここで, G_{m}^{α} および G_{m}^{β} は, それぞれ α 相および β 相のモル Gibbs エネルギーを示している。図 7.4 や式 (7.25a)〜(7.25c) の関係から知られるように, $(\alpha + \beta)$ 二相平衡を構成する α 相および β 相の組成 $(x_1^{\alpha/\beta}, x_2^{\alpha/\beta}, x_3^{\alpha/\beta})$ および $(x_1^{\beta/\alpha}, x_2^{\beta/\alpha}, x_3^{\beta/\alpha})$ は, 図 7.6 の G_{m}^{α} 曲面および G_{m}^{β} 曲面の**共通接平面**の接点組成にそれぞれ対応する。図 7.6 では, これらの接点組成を白

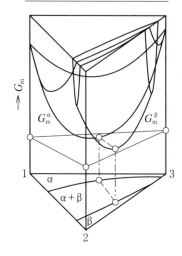

図 7.6 1-2-3 三元系の G_m^α および G_m^β 曲面と共通接平面

丸印で表している。白丸印の接点組成を底面の**組成三角形**に投影すると，1-2-3 三元系の圧力一定の平衡状態図に対する**等温断面図**（isothermal section）を構成することができる。図 7.6 の底面の等温断面図の破線は，組成 $(x_1^{\alpha/\beta}, x_2^{\alpha/\beta}, x_3^{\alpha/\beta})$ および $(x_1^{\beta/\alpha}, x_2^{\beta/\alpha}, x_3^{\beta/\alpha})$ を結ぶタイラインを示している。このようなタイラインを広い組成域において求めると，実線のような $(\alpha + \beta)$ 二相領域の相境界線を描くことができる。

　ところで，温度一定および圧力一定の条件における平衡状態に対し，r 元系の溶体 θ 相における成分 i の化学ポテンシャル G_i^θ は，三元系に対する式 (7.23)～(7.24b) を一般化した次式の関係を用いて求めることもできる。

$$G_i^\theta = G_m^\theta + (1 - x_i)\frac{\mathrm{d}G_m^\theta}{\mathrm{d}x_i} \qquad (i = 1, 2, 3, ..., r) \tag{7.26}$$

式 (7.26) の $\mathrm{d}G_m^\theta/\mathrm{d}x_i$ は，r 次元の空間における組成 $(x_1^\theta, x_2^\theta, ..., x_i^\theta, ..., x_r^\theta)$ および $(0, 0, ..., 1, ..., 0)$ を結ぶ超直線に沿った常微分を表している。なお，組成 $(0, 0, ..., 1, ..., 0)$ は，i 番目の値が 1 であり，i 番目以外の値が 0 であることを意味している。式 (7.23)～(7.24b) の幾何学的な関係から類推されるように，式 (7.26) は，r 次元の空間における G_m^θ 超曲面の組成 $(x_1^\theta, x_2^\theta, ..., x_i^\theta, ..., x_r^\theta)$ での超接平面と $x_i = 1$ における超縦軸との切片により，化学ポテンシャル G_i^θ の値が求められることを示している。ただし，四元系以上の多元系では，G_m^θ 超曲

面を三次元空間に描くことができないので，多次元空間の幾何学的な関係を表す式 (7.26) は，必ずしも直感的な理解の助けにつながるわけではない。

7.4 活 量

7.2 節で述べたように，温度一定および圧力一定の条件における平衡状態に対し，A–B 二元系の溶体 θ 相における成分 B の化学ポテンシャル G_B^θ は，モル Gibbs エネルギー G_m^θ– 組成曲線の組成 x_B^θ における接線が $x_B = 1$ の縦軸と交差する切片の値として求められる。図 7.2 と同様に，**図 7.7** にその様子を模式的に示す。また，2.5 節で述べたように，化学ポテンシャル G_B^θ は，温度 T や圧力 P とは異なり，熱力学的な絶対値をもたない示強変数である。このため，化学ポテンシャル G_B^θ の値は，通常，次式のように，適切な基準状態における値との差 ΔG_B^θ を用いて評価される。

$$\Delta G_B^\theta = G_B^\theta - {}^\circ G_B^\theta \tag{7.27}$$

式 (7.27) の ${}^\circ G_B^\theta$ は，θ 相と同じ結晶構造をもつ純粋な成分 B に対するモル Gibbs エネルギーを表している。ただし，液相は並進規則的な結晶構造をもた

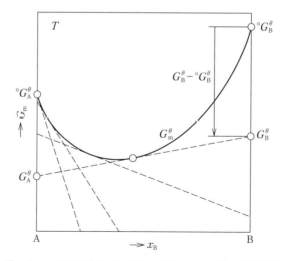

図 7.7 A–B 二元系の θ 相のモル Gibbs エネルギー–組成線図

ない。式 (7.27) によると，ΔG_B^θ は，$x_B^\theta = 1$ では $G_B^\theta = {}^\circ G_B^\theta$ であり 0 となるが，$x_B^\theta < 1$ では $G_B^\theta < {}^\circ G_B^\theta$ であり負の値となる。しかし，x_B^θ が非常に小さくなると ΔG_B^θ の絶対値が大きくなり，$x_B^\theta = 0$ において $\Delta G_B^\theta = -\infty$ となる。このように，成分 B のモル分率 x_B^θ の値が 0 に近づくと，ΔG_B^θ の絶対値は非常に大きくなるので，数値の取扱いが煩雑となる。このような煩雑さは，次式のように定義される**活量**（activity）a_B^θ を用いると，回避することができる。

$$a_B^\theta \equiv \exp\left(\frac{G_B^\theta - {}^\circ G_B^\theta}{RT}\right) = \exp\left(\frac{\Delta G_B^\theta}{RT}\right) \tag{7.28}$$

式 (7.28) によると，$x_B^\theta = 1$ では $\Delta G_B^\theta = 0$（$G_B^\theta = {}^\circ G_B^\theta$）なので $a_B^\theta = 1$ となり，$x_B^\theta = 0$ では $\Delta G_B^\theta = -\infty$（$G_B^\theta = -\infty$）なので $a_B^\theta = 0$ となる。なお，式 (7.28) では，指数関数の引数の分子と分母の物理量は次元がたがいに等しいので，引数が無次元化される。このため，活量は無次元となる。すなわち，化学ポテンシャルを無次元化した後，有限な範囲の数値に圧縮したものが活量であると理解される。

ところで，式 (7.28) は，次式のように変形される。

$$\begin{aligned}
G_B^\theta &= {}^\circ G_B^\theta + RT\ln a_B^\theta = {}^\circ G_B^\theta + RT\ln(f_B^\theta x_B^\theta) \\
&= {}^\circ G_B^\theta + RT\ln x_B^\theta + RT\ln f_B^\theta
\end{aligned} \tag{7.29}$$

式 (7.29) の f_B^θ は，次式のように定義される**活量係数**（activity coefficient）である。

$$f_B^\theta \equiv \frac{a_B^\theta}{x_B^\theta} \tag{7.30}$$

式 (7.29) および式 (7.30) は成分 B に対する関係を示しているが，成分 A についても同様の関係が得られる。

7.5 Gibbs の 相 律

r 元系の物体において p 種類の相が平衡する際に，平衡相の種類や数にまったく影響を与えずに独立に変化させることのできる熱力学変数の数 f は，$f =$

$r + 2 - p$ となる。この関係を **Gibbs の相律**（phase rule）といい，f を自由度という。Gibbs の相律は，熱力学平衡条件に基づき，以下のように導出することができる。

式 (1.17) に示したように，r 元系の物体における p 種類のすべての相に対し，内部エネルギー E^θ を次式のように表すことができる。

$$E^\theta = E^\theta(S^\theta, V^\theta, n_1^\theta, n_2^\theta, n_3^\theta, ..., n_r^\theta) \tag{7.31}$$

式 (7.31) から知られるように，一つの相に対する内部エネルギーの固有な独立変数の数は $(r + 2)$ 個であるので，物体全体を記述する独立変数の数は合計 $(r + 2) \times p$ 個となる。また，平衡状態において各相の温度 T^θ，圧力 P^θ および化学ポテンシャル G_i^θ は次式のようにたがいに等しくなる。

$$\left. \begin{array}{ccccc}
T^\alpha & = & T^\beta & = & \cdots & = & T^\theta \\
P^\alpha & = & P^\beta & = & \cdots & = & P^\theta \\
G_1^\alpha & = & G_1^\beta & = & \cdots & = & G_1^\theta \\
\vdots & & \vdots & & \ddots & & \\
G_r^\alpha & = & G_r^\beta & = & \cdots & = & G_r^\theta
\end{array} \right\} \tag{7.32}$$

式 (7.32) は，p 種類の相の間に成立するたがいに独立な $(r + 2) \times (p - 1)$ 個の方程式を与える。しかし，式 (2.34) に示した Gibbs-Duhem の関係式が各相中で成立するので，T^θ，P^θ および G_i^θ のうちの一つは従属変数となる。すなわち，物体全体における独立変数の数は実際には p 個だけ少なくなる。以上のことより，最終的な独立変数の数 f を求めると，次式が得られる。

$$\begin{aligned}
f &= p(r + 2) - (p - 1)(r + 2) - p \\
&= pr + 2p - pr - 2p + r + 2 - p = r + 2 - p
\end{aligned} \tag{7.33}$$

式 (7.33) の関係が Gibbs の相律であり，f が自由度である。

ところで，6.1 節で述べたように，一元系（$r = 1$）の平衡状態図に対する自由度の値は，単相領域では $f = 2$ となり，二相平衡の相境界線では $f = 1$ となり，三相平衡の三重点では $f = 0$ となる。一方，$r = 1$ の値を式 (7.33) に代入すると，単相平衡（$p = 1$）で $f = 1 + 2 - 1 = 2$ となり，二相平衡（$p = 2$）で $f = 1 + 2 - 2 = 1$ となり，三相平衡（$p = 3$）で $f = 1 + 2 - 3 = 0$ とな

る。このように，Gibbs の相律を用いると，平衡状態における平衡相の数と自由度の関係を定量的に評価することができる。

7.6 平衡状態図の計算法

7.1 節で述べたように，温度一定および圧力一定の条件で r 元系の閉鎖系の物体において $(\alpha + \beta)$ 二相平衡が成立する場合，式 (7.1) より次式が得られる。

$$
\left.
\begin{aligned}
G_1^\alpha(x_1^\alpha, x_2^\alpha, ..., x_r^\alpha) &- G_1^\beta(x_1^\beta, x_2^\beta, ..., x_r^\beta) = 0 \\
G_2^\alpha(x_1^\alpha, x_2^\alpha, ..., x_r^\alpha) &- G_2^\beta(x_1^\beta, x_2^\beta, ..., x_r^\beta) = 0 \\
\vdots \qquad\qquad &\quad \vdots \qquad\qquad\quad \vdots \quad \vdots \\
G_r^\alpha(x_1^\alpha, x_2^\alpha, ..., x_r^\alpha) &- G_r^\beta(x_1^\beta, x_2^\beta, ..., x_r^\beta) = 0
\end{aligned}
\right\}
$$
(7.34)

上述のように，α 相および β 相の両相において，温度と圧力は一定でそれぞれたがいに等しい。そこで，式 (7.34) では，未知変数の種類を明示するために，温度 T および圧力 P を化学ポテンシャル G_i^θ の独立変数から除外している。また，モル分率 x_i^θ に対する式 (7.3) の定義より，以下の関係が成り立つ。

$$
\left.
\begin{aligned}
x_1^\alpha + x_2^\alpha + \cdots + x_r^\alpha - 1 = 0 \\
x_1^\beta + x_2^\beta + \cdots + x_r^\beta - 1 = 0
\end{aligned}
\right\}
$$
(7.35)

すなわち，$x_1^\alpha, x_2^\alpha, ..., x_r^\alpha$ および $x_1^\beta, x_2^\beta, ..., x_r^\beta$ の $2r$ 個の独立変数の間に，式 (7.34) および式 (7.35) の合計 $(r + 2)$ 個の方程式が成立している。このため，独立な変数の数は最終的に $2r - (r + 2) = (r - 2)$ 個となる。そこで，独立変数として残った $(r - 2)$ 種類の成分のモル分率の値を指定し，式 (7.34) および式 (7.35) の連立方程式を解くことにより，r 元系の物体に対する温度一定および圧力一定の平衡状態図の $(\alpha + \beta)$ 二相領域に存在する無数のタイラインのうちの一つを求めることができる。

独立変数の指定値を変えて同様の計算を行うと，異なる組成のタイラインが求められる。このような方法を繰り返すことにより，広い組成域における $(\alpha + \beta)$ 二相領域の相境界を計算により決定することができる。ちなみに，$r = 2$ の二元系では，$(r - 2) = (2 - 2) = 0$ となり，温度一定および圧力一定

の条件におけるタイラインの組成は唯一の値に決まる。図 7.3 は，その様子を表している。また，$r = 3$ の三元系では，$(r-2) = (3-2) = 1$ となり，α 相あるいは β 相の一方の相に対し，一つの成分のモル分率の値を指定すると，一つのタイラインを求めることができる。図 7.6 は，その様子を示している。値を指定すべき独立変数の数は，四元系，五元系，六元系，…と成分の数 r が増えるほど，$(r-2) = (4-2) = 2$，$(r-2) = (5-2) = 3$，$(r-2) = (6-2) = 4$，…と増加する。

8

溶体の熱力学モデル

8.1 理想溶体モデル

7.6 節では，熱力学平衡条件を用いて，平衡状態図を計算によって構築する方法について述べた。すなわち，式 (7.4) に示したように，モル Gibbs エネルギー G_m^θ が温度 T，圧力 P および成分 i のモル分率 x_i^θ を独立変数とする数学関数で記述できれば，成分 i の化学ポテンシャル G_i^θ が式 (7.6) より求められ，式 (7.34) および式 (7.35) の連立方程式を解くことにより，平衡状態図を計算によって構築することができる。なお，7 章に倣い，本章でも，化学ポテンシャルの変数名として G_i を用いることとする。このような平衡状態図の計算を可能にするために，次式のように，モル Gibbs エネルギー G_m^θ を二つの項の和として表現する。

$$G_m^\theta = {}^{\text{I}}G_m^\theta + {}^{\text{E}}G_m^\theta \tag{8.1}$$

式 (8.1) において，${}^{\text{I}}G_m^\theta$ は**理想溶体**（ideal solution）のモル Gibbs エネルギーであり，${}^{\text{E}}G_m^\theta$ は理想溶体からのずれを表す**過剰モル Gibbs エネルギー**（excess molar Gibbs energy）である。${}^{\text{I}}G_m^\theta$ および ${}^{\text{E}}G_m^\theta$ は，いずれも温度 T，圧力 P および成分 i のモル分率 x_i^θ の関数である。そこで，これらの関数の数学的な表現が知られると，式 (8.1) の G_m^θ を式 (7.6) に代入することにより，成分 i の化学ポテンシャル G_i^θ を求めることができる。本節では，まず，理想溶体のモル Gibbs エネルギー ${}^{\text{I}}G_m^\theta$ について述べる。なお，数学的な取扱いを単純化するために，成分 A および成分 B が金属元素である二元系合金（A-B 二元系合金）

における**置換型**（substitutional）の固溶体 θ 相を考える。なお，**固溶体**（solid solution）では，結晶格子の格子点が固定され並進規則性を有するため，各格子点における原子配置のエントロピーを統計力学の手法によって解析的に評価することができる。また，置換型の固溶体では，各格子点において，成分 A および成分 B のそれぞれの原子がたがいに置換し合うことにより，固溶体を形成する。このような固溶体 θ 相が理想溶体と見なせる場合には，モル Gibbs エネルギー G_m^θ は次式のように表すことができる。

$$G_\mathrm{m}^\theta = {}^\mathrm{I}G_\mathrm{m}^\theta = {}^\circ G_\mathrm{A}^\theta x_\mathrm{A}^\theta + {}^\circ G_\mathrm{B}^\theta x_\mathrm{B}^\theta + RT(x_\mathrm{A}^\theta \ln x_\mathrm{A}^\theta + x_\mathrm{B}^\theta \ln x_\mathrm{B}^\theta) \tag{8.2}$$

式 (8.2) の ${}^\circ G_\mathrm{A}^\theta$ および ${}^\circ G_\mathrm{B}^\theta$ は，それぞれ純粋な成分 A および成分 B が θ 相と同じ結晶構造をもつ際のモル Gibbs エネルギーを表している。ここで，${}^\circ G_\mathrm{A}^\theta$ および ${}^\circ G_\mathrm{B}^\theta$ は，温度 T および圧力 P の関数となっている。

8.1.1　化学ポテンシャル

理想溶体 θ 相のモル Gibbs エネルギー G_m^θ を表す式 (8.2) を式 (7.6) に代入すると，成分 A および成分 B の化学ポテンシャル G_A^θ および G_B^θ を求めることができる。まず，式 (7.6) の偏微分を計算すると，次式が得られる。

$$\begin{aligned}
\frac{\partial G_\mathrm{m}^\theta}{\partial x_\mathrm{A}^\theta} &= \frac{\partial}{\partial x_\mathrm{A}^\theta}\{{}^\circ G_\mathrm{A}^\theta x_\mathrm{A}^\theta + {}^\circ G_\mathrm{B}^\theta x_\mathrm{B}^\theta + RT(x_\mathrm{A}^\theta \ln x_\mathrm{A}^\theta + x_\mathrm{B}^\theta \ln x_\mathrm{B}^\theta)\} \\
&= {}^\circ G_\mathrm{A}^\theta + RT\frac{\partial(x_\mathrm{A}^\theta \ln x_\mathrm{A}^\theta)}{\partial x_\mathrm{A}^\theta} \\
&= {}^\circ G_\mathrm{A}^\theta + RT\left(\ln x_\mathrm{A}^\theta + \frac{x_\mathrm{A}^\theta}{x_\mathrm{A}^\theta}\right) = {}^\circ G_\mathrm{A}^\theta + RT(\ln x_\mathrm{A}^\theta + 1)
\end{aligned} \tag{8.3a}$$

$$\begin{aligned}
\frac{\partial G_\mathrm{m}^\theta}{\partial x_\mathrm{B}^\theta} &= \frac{\partial}{\partial x_\mathrm{B}^\theta}\{{}^\circ G_\mathrm{A}^\theta x_\mathrm{A}^\theta + {}^\circ G_\mathrm{B}^\theta x_\mathrm{B}^\theta + RT(x_\mathrm{A}^\theta \ln x_\mathrm{A}^\theta + x_\mathrm{B}^\theta \ln x_\mathrm{B}^\theta)\} \\
&= {}^\circ G_\mathrm{B}^\theta + RT\frac{\partial(x_\mathrm{B}^\theta \ln x_\mathrm{B}^\theta)}{\partial x_\mathrm{B}^\theta} \\
&= {}^\circ G_\mathrm{B}^\theta + RT\left(\ln x_\mathrm{B}^\theta + \frac{x_\mathrm{B}^\theta}{x_\mathrm{B}^\theta}\right) = {}^\circ G_\mathrm{B}^\theta + RT(\ln x_\mathrm{B}^\theta + 1)
\end{aligned} \tag{8.3b}$$

7.1 節で述べたように，式 (8.3a) および式 (8.3b) の偏微分の計算では，x_A^θ と x_B^θ の両方を独立変数と見なしている。このため，式 (8.3a) および式 (8.3b) の

最右辺は，成分 A および成分 B に対し，対称的な数学関数となる。式 (8.3a) および式 (8.3b) の結果を式 (7.6) に代入すると，次式が得られる。

$$
\begin{aligned}
G_{\mathrm{A}}^{\theta} &= G_{\mathrm{m}}^{\theta} - x_{\mathrm{A}}^{\theta}\frac{\partial G_{\mathrm{m}}^{\theta}}{\partial x_{\mathrm{A}}^{\theta}} - x_{\mathrm{B}}^{\theta}\frac{\partial G_{\mathrm{m}}^{\theta}}{\partial x_{\mathrm{B}}^{\theta}} + \frac{\partial G_{\mathrm{m}}^{\theta}}{\partial x_{\mathrm{A}}^{\theta}} \\
&= {}^{\circ}G_{\mathrm{A}}^{\theta}x_{\mathrm{A}}^{\theta} + {}^{\circ}G_{\mathrm{B}}^{\theta}x_{\mathrm{B}}^{\theta} + RT(x_{\mathrm{A}}^{\theta}\ln x_{\mathrm{A}}^{\theta} + x_{\mathrm{B}}^{\theta}\ln x_{\mathrm{B}}^{\theta}) \\
&\quad - x_{\mathrm{A}}^{\theta}\{{}^{\circ}G_{\mathrm{A}}^{\theta} + RT(\ln x_{\mathrm{A}}^{\theta} + 1)\} - x_{\mathrm{B}}^{\theta}\{{}^{\circ}G_{\mathrm{B}}^{\theta} + RT(\ln x_{\mathrm{B}}^{\theta} + 1)\} \\
&\quad + {}^{\circ}G_{\mathrm{A}}^{\theta} + RT(\ln x_{\mathrm{A}}^{\theta} + 1) \\
&= {}^{\circ}G_{\mathrm{A}}^{\theta}(x_{\mathrm{A}}^{\theta} - x_{\mathrm{A}}^{\theta} + 1) + {}^{\circ}G_{\mathrm{B}}^{\theta}(x_{\mathrm{B}}^{\theta} - x_{\mathrm{B}}^{\theta}) \\
&\quad + RT(x_{\mathrm{A}}^{\theta}\ln x_{\mathrm{A}}^{\theta} + x_{\mathrm{B}}^{\theta}\ln x_{\mathrm{B}}^{\theta} - x_{\mathrm{A}}^{\theta}\ln x_{\mathrm{A}}^{\theta} - x_{\mathrm{B}}^{\theta}\ln x_{\mathrm{B}}^{\theta} - x_{\mathrm{A}}^{\theta} - x_{\mathrm{B}}^{\theta} \\
&\qquad + \ln x_{\mathrm{A}}^{\theta} + 1) \\
&= {}^{\circ}G_{\mathrm{A}}^{\theta} + RT\ln x_{\mathrm{A}}^{\theta}
\end{aligned}
\tag{8.4a}
$$

$$
\begin{aligned}
G_{\mathrm{B}}^{\theta} &= G_{\mathrm{m}}^{\theta} - x_{\mathrm{A}}^{\theta}\frac{\partial G_{\mathrm{m}}^{\theta}}{\partial x_{\mathrm{A}}^{\theta}} - x_{\mathrm{B}}^{\theta}\frac{\partial G_{\mathrm{m}}^{\theta}}{\partial x_{\mathrm{B}}^{\theta}} + \frac{\partial G_{\mathrm{m}}^{\theta}}{\partial x_{\mathrm{B}}^{\theta}} \\
&= {}^{\circ}G_{\mathrm{A}}^{\theta}x_{\mathrm{A}}^{\theta} + {}^{\circ}G_{\mathrm{B}}^{\theta}x_{\mathrm{B}}^{\theta} + RT(x_{\mathrm{A}}^{\theta}\ln x_{\mathrm{A}}^{\theta} + x_{\mathrm{B}}^{\theta}\ln x_{\mathrm{B}}^{\theta}) \\
&\quad - x_{\mathrm{A}}^{\theta}\{{}^{\circ}G_{\mathrm{A}}^{\theta} + RT(\ln x_{\mathrm{A}}^{\theta} + 1)\} - x_{\mathrm{B}}^{\theta}\{{}^{\circ}G_{\mathrm{B}}^{\theta} + RT(\ln x_{\mathrm{B}}^{\theta} + 1)\} \\
&\quad + {}^{\circ}G_{\mathrm{B}}^{\theta} + RT(\ln x_{\mathrm{B}}^{\theta} + 1) \\
&= {}^{\circ}G_{\mathrm{A}}^{\theta}(x_{\mathrm{A}}^{\theta} - x_{\mathrm{A}}^{\theta}) + {}^{\circ}G_{\mathrm{B}}^{\theta}(x_{\mathrm{B}}^{\theta} - x_{\mathrm{B}}^{\theta} + 1) \\
&\quad + RT(x_{\mathrm{A}}^{\theta}\ln x_{\mathrm{A}}^{\theta} + x_{\mathrm{B}}^{\theta}\ln x_{\mathrm{B}}^{\theta} - x_{\mathrm{A}}^{\theta}\ln x_{\mathrm{A}}^{\theta} - x_{\mathrm{B}}^{\theta}\ln x_{\mathrm{B}}^{\theta} - x_{\mathrm{A}}^{\theta} - x_{\mathrm{B}}^{\theta} \\
&\qquad + \ln x_{\mathrm{B}}^{\theta} + 1) \\
&= {}^{\circ}G_{\mathrm{B}}^{\theta} + RT\ln x_{\mathrm{B}}^{\theta}
\end{aligned}
\tag{8.4b}
$$

式 (8.4a) および式 (8.4b) は，それぞれ理想溶体 θ 相における成分 A および成分 B の化学ポテンシャル G_{A}^{θ} および G_{B}^{θ} を表している。また，式 (8.3a) および式 (8.3b) と同様に，式 (8.4a) および式 (8.4b) の最右辺は，成分 A および成分 B に対し対称的な数学関数となっている。このため，式 (8.4a) が求められれば，各変数の下付添字の A を B に置き換えることにより，ただちに式 (8.4b) を導出することができる。この手法により，多成分系の化学ポテンシャルの導出の際に，計算の手間を大幅に軽減することができる。

　ところで，平衡状態における θ 相の Gibbs エネルギー G^{θ} に対する Euler の

一次形式を表す式 (3.51) の両辺をモル数の総和 n^θ で割り，モル Gibbs エネルギー G_m^θ の定義を表す式 (7.2) とモル分率 x_i^θ の定義を表す式 (7.3) を用いると，次式が得られる。

$$G_m^\theta = \sum_{i=1}^{r} x_i^\theta G_i^\theta \tag{8.5}$$

式 (8.5) は，式 (3.51) の Euler の一次形式を θ 相 1 mol 当りのモル量に変換した表現式である。式 (8.4a) および式 (8.4b) を式 (8.5) に代入すると，以下の関係が成り立つ。

$$\begin{aligned} G_m^\theta &= x_A^\theta G_A^\theta + x_B^\theta G_B^\theta = x_A^\theta ({}^\circ G_A^\theta + RT\ln x_A^\theta) + x_B^\theta ({}^\circ G_B^\theta + RT\ln x_B^\theta) \\ &= {}^\circ G_A^\theta x_A^\theta + {}^\circ G_B^\theta x_B^\theta + RT(x_A^\theta \ln x_A^\theta + x_B^\theta \ln x_B^\theta) \end{aligned} \tag{8.6}$$

式 (8.6) の最右辺は，式 (8.2) と一致する。このように，理想溶体に対し，式 (8.5) が成立している。

8.1.2 二 相 平 衡

8.1.1 項で得られた化学ポテンシャル G_i^θ の表現式を用い，温度一定および圧力一定の条件に対し，A-B 二元系合金における置換型の理想溶体 α 相および β 相の二相平衡に対するタイライン組成を計算する方法について説明する。式 (8.4a) および式 (8.4b) を式 (7.17a) および式 (7.17b) に代入すると，次式が得られる。

$${}^\circ G_A^\alpha + RT\ln x_A^\alpha = {}^\circ G_A^\beta + RT\ln x_A^\beta \tag{8.7a}$$

$${}^\circ G_B^\alpha + RT\ln x_B^\alpha = {}^\circ G_B^\beta + RT\ln x_B^\beta \tag{8.7b}$$

モル分率の従属関係を表す式 (7.11) を用いて式 (8.7a) および式 (8.7b) を変形すると，以下の関係が得られる。

$${}^\circ G_A^\alpha - {}^\circ G_A^\beta = RT\ln\left(\frac{x_A^\beta}{x_A^\alpha}\right) = RT\ln\left(\frac{1-x_B^\beta}{1-x_B^\alpha}\right), \quad \frac{1-x_B^\beta}{1-x_B^\alpha} = \exp\left(\frac{{}^\circ G_A^\alpha - {}^\circ G_A^\beta}{RT}\right) \tag{8.8a}$$

$${}^\circ G_B^\alpha - {}^\circ G_B^\beta = RT\ln\left(\frac{x_B^\beta}{x_B^\alpha}\right), \quad \frac{x_B^\beta}{x_B^\alpha} = \exp\left(\frac{{}^\circ G_B^\alpha - {}^\circ G_B^\beta}{RT}\right) \tag{8.8b}$$

すでに述べたように，${}^{\circ}G_i^{\theta}$ $(i = \text{A}, \text{B} ; \theta = \alpha, \beta)$ は，温度 T および圧力 P のみの関数である。このため，温度一定および圧力一定の条件では，${}^{\circ}G_i^{\theta}$ は定数となる。そこで，式 (8.8a) および式 (8.8b) の右辺の指数関数を，次式のように定義される係数 k_A および k_B に置き換える。

$$k_\text{A} \equiv \exp\left(\frac{{}^{\circ}G_\text{A}^{\alpha} - {}^{\circ}G_\text{A}^{\beta}}{RT}\right) \tag{8.9a}$$

$$k_\text{B} \equiv \exp\left(\frac{{}^{\circ}G_\text{B}^{\alpha} - {}^{\circ}G_\text{B}^{\beta}}{RT}\right) \tag{8.9b}$$

式 (8.9a) および式 (8.9b) の定義により，k_A および k_B は，所与の温度および圧力に対し，定数となる。式 (8.9a) および式 (8.9b) を式 (8.8a) および式 (8.8b) に代入し変形すると，次式が導出される。

$$\frac{1 - x_\text{B}^{\beta}}{1 - x_\text{B}^{\alpha}} = k_\text{A}, \qquad 1 - x_\text{B}^{\beta} = k_\text{A}(1 - x_\text{B}^{\alpha}), \qquad x_\text{B}^{\beta} = k_\text{A}x_\text{B}^{\alpha} + (1 - k_\text{A})$$

$$\tag{8.10a}$$

$$\frac{x_\text{B}^{\beta}}{x_\text{B}^{\alpha}} = k_\text{B}, \qquad x_\text{B}^{\beta} = k_\text{B}x_\text{B}^{\alpha} \tag{8.10b}$$

式 (8.10a) および式 (8.10b) の線形連立方程式を解くと，以下の関係が得られる。

$$x_\text{B}^{\alpha} = \frac{1 - k_\text{A}}{k_\text{B} - k_\text{A}} \tag{8.11a}$$

$$x_\text{B}^{\beta} = \frac{k_\text{B}(1 - k_\text{A})}{k_\text{B} - k_\text{A}} \tag{8.11b}$$

上述のように，式 (8.11a) および式 (8.11b) の右辺の k_A および k_B は，温度一定および圧力一定の条件において定数となる。このため，式 (8.11a) および式 (8.11b) を用いると，所与の温度 T および圧力 P に対する x_B^{α} および x_B^{β} の値を解析的に求めることができる。圧力一定の条件において，このような計算を異なる温度に対して行うと，広い温度域における $(\alpha + \beta)$ 二相平衡のタイライン組成が求まり，図 7.3 (b) のような平衡状態図を構築することができる。

8.2 正則溶体モデル

8.1 節では，理想溶体モデルについて述べた。しかし，実在の固溶体が理想溶体と見なせる状況はきわめて希である。そのような場合には，式 (8.1) の過剰モル Gibbs エネルギー $^{\mathrm{E}}G_{\mathrm{m}}^{\theta}$ を考慮することにより，モル Gibbs エネルギー G_{m}^{θ} の記述精度を高めることができる。A–B 二元系合金の置換型固溶体 θ 相に対する過剰モル Gibbs エネルギー $^{\mathrm{E}}G_{\mathrm{m}}^{\theta}$ は，一般に次式のように表現される。

$$^{\mathrm{E}}G_{\mathrm{m}}^{\theta} = x_{\mathrm{A}}^{\theta}x_{\mathrm{B}}^{\theta}L_{\mathrm{AB}}^{\theta} \tag{8.12}$$

式 (8.12) の L_{AB}^{θ} は，θ 相における成分 A および成分 B の熱力学的な相互作用を表し，**相互作用係数**（interaction parameter）という。過剰モル Gibbs エネルギー $^{\mathrm{E}}G_{\mathrm{m}}^{\theta}$ は，相互作用係数 L_{AB}^{θ} の符号に依存して正または負の値となる。ここで，L_{AB}^{θ} の符号は，成分 A および成分 B の相互作用が斥力的（repulsive）であれば正となり，引力的（attractive）であれば負となる。式 (8.12) の形式は，温度一定および圧力一定の条件において，L_{AB}^{θ} が定数であれば**正則溶体モデル**（regular solution model）といい，L_{AB}^{θ} に組成依存性があれば**準正則溶体モデル**（subregular solution model）という。すなわち，正則溶体モデルでは，相互作用係数 L_{AB}^{θ} は温度 T および圧力 P のみの関数となる。

8.2.1 化学ポテンシャル

理想溶体のモル Gibbs エネルギー $^{\mathrm{I}}G_{\mathrm{m}}^{\theta}$ に過剰モル Gibbs エネルギー $^{\mathrm{E}}G_{\mathrm{m}}^{\theta}$ の寄与を加えると，式 (8.1) に示したように，θ 相のモル Gibbs エネルギー G_{m}^{θ} は次式のように表現される。

$$G_{\mathrm{m}}^{\theta} = {}^{\mathrm{I}}G_{\mathrm{m}}^{\theta} + {}^{\mathrm{E}}G_{\mathrm{m}}^{\theta} \tag{8.13}$$

式 (8.13) から知られるように，θ 相における成分 i の化学ポテンシャル G_{i}^{θ} は，$^{\mathrm{I}}G_{\mathrm{m}}^{\theta}$ に起因する項 $^{\mathrm{I}}G_{i}^{\theta}$ と $^{\mathrm{E}}G_{\mathrm{m}}^{\theta}$ に起因する項 $^{\mathrm{E}}G_{i}^{\theta}$ の和として，次式のように求められる。

$$G_{i}^{\theta} = {}^{\mathrm{I}}G_{i}^{\theta} + {}^{\mathrm{E}}G_{i}^{\theta} \tag{8.14}$$

8.1.1 項では，A–B 二元系合金の置換型固溶体 θ 相に対し，式 (8.13) の $^{\mathrm{I}}G_{\mathrm{m}}^{\theta}$ の
みを考慮し，モル Gibbs エネルギー G_{m}^{θ} を式 (8.2) のように表し，成分 A およ
び成分 B の化学ポテンシャル G_{A}^{θ} および G_{B}^{θ} を求め，式 (8.4a) および (8.4b) を
得た。ここで，式 (8.4a) および式 (8.4b) は，式 (8.14) の第一項に対応してい
る。そこで，上記の A–B 二元系合金の置換型固溶体 θ 相に対し，式 (8.13) の
$^{\mathrm{E}}G_{\mathrm{m}}^{\theta}$ を式 (8.12) のように表した際の式 (8.14) の右辺第二項の $^{\mathrm{E}}G_{i}^{\theta}$ を，8.1.1 項
と同様の手順で導出する。

式 (8.14) の $^{\mathrm{E}}G_{i}^{\theta}$ は，式 (7.6) を用いて次式のように求めることができる。

$$^{\mathrm{E}}G_{i}^{\theta} = {}^{\mathrm{E}}G_{\mathrm{m}}^{\theta} - x_{\mathrm{A}}^{\theta}\frac{\partial {}^{\mathrm{E}}G_{\mathrm{m}}^{\theta}}{\partial x_{\mathrm{A}}^{\theta}} - x_{\mathrm{B}}^{\theta}\frac{\partial {}^{\mathrm{E}}G_{\mathrm{m}}^{\theta}}{\partial x_{\mathrm{B}}^{\theta}} + \frac{\partial {}^{\mathrm{E}}G_{\mathrm{m}}^{\theta}}{\partial x_{i}^{\theta}} \qquad (i = \mathrm{A, B}) \qquad (8.15)$$

温度一定および圧力一定の条件では，正則溶体モデルに対する式 (8.12) の相
互作用係数 L_{AB}^{θ} は，定数である。このため，式 (8.15) の右辺の偏微分は，以
下のように算出される。

$$\frac{\partial {}^{\mathrm{E}}G_{\mathrm{m}}^{\theta}}{\partial x_{\mathrm{A}}^{\theta}} = \frac{\partial (x_{\mathrm{A}}^{\theta}x_{\mathrm{B}}^{\theta}L_{\mathrm{AB}}^{\theta})}{\partial x_{\mathrm{A}}^{\theta}} = x_{\mathrm{B}}^{\theta}L_{\mathrm{AB}}^{\theta} \qquad (8.16a)$$

$$\frac{\partial {}^{\mathrm{E}}G_{\mathrm{m}}^{\theta}}{\partial x_{\mathrm{B}}^{\theta}} = \frac{\partial (x_{\mathrm{A}}^{\theta}x_{\mathrm{B}}^{\theta}L_{\mathrm{AB}}^{\theta})}{\partial x_{\mathrm{B}}^{\theta}} = x_{\mathrm{A}}^{\theta}L_{\mathrm{AB}}^{\theta} \qquad (8.16b)$$

7.1 節や 8.1.1 項で述べたように，式 (8.16a) および式 (8.16b) の偏微分の計算
では，x_{A}^{θ} と x_{B}^{θ} の両方を独立変数と見なしている。式 (8.16a) および式 (8.16b)
を式 (8.15) に代入すると，次式が導出される。

$$\begin{aligned}
^{\mathrm{E}}G_{\mathrm{A}}^{\theta} &= {}^{\mathrm{E}}G_{\mathrm{m}}^{\theta} - x_{\mathrm{A}}^{\theta}\frac{\partial {}^{\mathrm{E}}G_{\mathrm{m}}^{\theta}}{\partial x_{\mathrm{A}}^{\theta}} - x_{\mathrm{B}}^{\theta}\frac{\partial {}^{\mathrm{E}}G_{\mathrm{m}}^{\theta}}{\partial x_{\mathrm{B}}^{\theta}} + \frac{\partial {}^{\mathrm{E}}G_{\mathrm{m}}^{\theta}}{\partial x_{\mathrm{A}}^{\theta}} \\
&= x_{\mathrm{A}}^{\theta}x_{\mathrm{B}}^{\theta}L_{\mathrm{AB}}^{\theta} - x_{\mathrm{A}}^{\theta}x_{\mathrm{B}}^{\theta}L_{\mathrm{AB}}^{\theta} - x_{\mathrm{B}}^{\theta}x_{\mathrm{A}}^{\theta}L_{\mathrm{AB}}^{\theta} + x_{\mathrm{B}}^{\theta}L_{\mathrm{AB}}^{\theta} = -x_{\mathrm{A}}^{\theta}x_{\mathrm{B}}^{\theta}L_{\mathrm{AB}}^{\theta} + x_{\mathrm{B}}^{\theta}L_{\mathrm{AB}}^{\theta} \\
&= (1 - x_{\mathrm{A}}^{\theta})x_{\mathrm{B}}^{\theta}L_{\mathrm{AB}}^{\theta} = (x_{\mathrm{B}}^{\theta})^{2}L_{\mathrm{AB}}^{\theta} \qquad (8.17a)
\end{aligned}$$

$$\begin{aligned}
^{\mathrm{E}}G_{\mathrm{B}}^{\theta} &= {}^{\mathrm{E}}G_{\mathrm{m}}^{\theta} - x_{\mathrm{A}}^{\theta}\frac{\partial {}^{\mathrm{E}}G_{\mathrm{m}}^{\theta}}{\partial x_{\mathrm{A}}^{\theta}} - x_{\mathrm{B}}^{\theta}\frac{\partial {}^{\mathrm{E}}G_{\mathrm{m}}^{\theta}}{\partial x_{\mathrm{B}}^{\theta}} + \frac{\partial {}^{\mathrm{E}}G_{\mathrm{m}}^{\theta}}{\partial x_{\mathrm{B}}^{\theta}} \\
&= x_{\mathrm{A}}^{\theta}x_{\mathrm{B}}^{\theta}L_{\mathrm{AB}}^{\theta} - x_{\mathrm{A}}^{\theta}x_{\mathrm{B}}^{\theta}L_{\mathrm{AB}}^{\theta} - x_{\mathrm{B}}^{\theta}x_{\mathrm{A}}^{\theta}L_{\mathrm{AB}}^{\theta} + x_{\mathrm{A}}^{\theta}L_{\mathrm{AB}}^{\theta} = -x_{\mathrm{A}}^{\theta}x_{\mathrm{B}}^{\theta}L_{\mathrm{AB}}^{\theta} + x_{\mathrm{A}}^{\theta}L_{\mathrm{AB}}^{\theta} \\
&= x_{\mathrm{A}}^{\theta}(1 - x_{\mathrm{B}}^{\theta})L_{\mathrm{AB}}^{\theta} = (x_{\mathrm{A}}^{\theta})^{2}L_{\mathrm{AB}}^{\theta} \qquad (8.17b)
\end{aligned}$$

$^{\mathrm{I}}G_{i}^{\theta}$ を表す式 (8.4a) および式 (8.4b) と $^{\mathrm{E}}G_{i}^{\theta}$ を表す式 (8.17a) および式 (8.17b)

を式 (8.14) に代入すると，化学ポテンシャル G_i^θ の表現式として次式が得られる。

$$G_A^\theta = {}^\circ G_A^\theta + RT\ln x_A^\theta + (x_B^\theta)^2 L_{AB}^\theta \tag{8.18a}$$

$$G_B^\theta = {}^\circ G_B^\theta + RT\ln x_B^\theta + (x_A^\theta)^2 L_{AB}^\theta \tag{8.18b}$$

式 (8.18a) および式 (8.18b) の右辺の第一項は，各純粋成分のモル Gibbs エネルギーであり，θ 相の組成には依存しない。一方，第二項と第三項は組成依存性を表している。ここで，第二項の値は，自成分の濃度が高くなると増加する。これに対し，第三項の寄与は，他成分の濃度が高くなると大きくなる。他成分の濃度が高くなると寄与が大きくなる性質は，相互作用の本質を表している。

ところで，モル Gibbs エネルギー G_m^θ に対する式 (8.5) を過剰モル Gibbs エネルギー ${}^E G_m^\theta$ に適用すると，以下のようになる。

$$^E G_m^\theta = \sum_{i=1}^r {}^E G_i^\theta x_i^\theta \tag{8.19}$$

式 (8.17a) および式 (8.17b) の最右辺を式 (8.19) に代入し，式 (7.11) の関係を用いると，次式が得られる。

$$\begin{aligned}
{}^E G_m^\theta &= {}^E G_A^\theta x_A^\theta + {}^E G_B^\theta x_B^\theta = x_A^\theta (x_B^\theta)^2 L_{AB}^\theta + x_B^\theta (x_A^\theta)^2 L_{AB}^\theta \\
&= (x_B^\theta + x_A^\theta) x_A^\theta x_B^\theta L_{AB}^\theta = x_A^\theta x_B^\theta L_{AB}^\theta
\end{aligned} \tag{8.20}$$

式 (8.20) の最右辺は，式 (8.12) と一致している。このことより，理想溶体のモル Gibbs エネルギー G_m^θ に対する式 (8.5) と同様に，正則溶体モデルの過剰モル Gibbs エネルギー ${}^E G_m^\theta$ に対し，式 (8.19) が成立する。

8.2.2 Darken の二乗形式

式 (7.29) によると，上記の A-B 二元系合金の置換型固溶体 θ 相における成分 A および成分 B の化学ポテンシャル G_A^θ および G_B^θ は，活量 a_i^θ や活量係数 f_i^θ を用いて以下のように表すことができる。

$$\begin{aligned}
G_A^\theta &= {}^\circ G_A^\theta + RT\ln a_A^\theta = {}^\circ G_A^\theta + RT\ln(f_A^\theta x_A^\theta) \\
&= {}^\circ G_A^\theta + RT\ln x_A^\theta + RT\ln f_A^\theta
\end{aligned} \tag{8.21a}$$

$$G_B^\theta = {}^\circ G_B^\theta + RT\ln a_B^\theta = {}^\circ G_B^\theta + RT\ln(f_B^\theta x_B^\theta)$$

$$= {}^{\circ}G_{\mathrm{B}}^{\theta} + RT\ln x_{\mathrm{B}}^{\theta} + RT\ln f_{\mathrm{B}}^{\theta} \tag{8.21b}$$

式 (8.21a) および式 (8.21b) を式 (8.18a) および式 (8.18b) と比較すると，次式が得られる。

$$RT\ln f_{\mathrm{A}}^{\theta} = (x_{\mathrm{B}}^{\theta})^2 L_{\mathrm{AB}}^{\theta} = (1 - x_{\mathrm{A}}^{\theta})^2 L_{\mathrm{AB}}^{\theta} \tag{8.22a}$$

$$RT\ln f_{\mathrm{B}}^{\theta} = (x_{\mathrm{A}}^{\theta})^2 L_{\mathrm{AB}}^{\theta} = (1 - x_{\mathrm{B}}^{\theta})^2 L_{\mathrm{AB}}^{\theta} \tag{8.22b}$$

式 (8.22a) および式 (8.22b) は，正則溶体モデルの相互作用係数 L_{AB}^{θ} を用いて活量係数 f_{A}^{θ} および f_{B}^{θ} の組成依存性を表す関係式であり，**Darken の二乗形式** (Darken's quadratic formalism) と呼ばれる。式 (8.18a)，(8.18b)，(8.21a) および (8.21b) の関係から知られるように，式 (8.22a) および式 (8.22b) の Darken の二乗形式は，正則溶体モデルの別表現である。

ところで，式 (8.22a) および式 (8.22b) は，以下のように変形される。

$$\frac{L_{\mathrm{AB}}^{\theta}}{RT} = \frac{\ln f_{\mathrm{A}}^{\theta}}{(x_{\mathrm{B}}^{\theta})^2} = \frac{\ln f_{\mathrm{A}}^{\theta}}{(1 - x_{\mathrm{A}}^{\theta})^2} \tag{8.23a}$$

$$\frac{L_{\mathrm{AB}}^{\theta}}{RT} = \frac{\ln f_{\mathrm{B}}^{\theta}}{(x_{\mathrm{A}}^{\theta})^2} = \frac{\ln f_{\mathrm{B}}^{\theta}}{(1 - x_{\mathrm{B}}^{\theta})^2} \tag{8.23b}$$

温度一定および圧力一定の条件では，正則溶体モデルの相互作用係数 L_{AB}^{θ} は定数なので，式 (8.23a) および式 (8.23b) の左辺の値は定数となる。そこで，組成 x_{B}^{θ} の異なる複数の実験試料に対する活量係数 f_{A}^{θ} および f_{B}^{θ} の実測値を式 (8.23a) および式 (8.23b) の右辺に代入して求めた L_{AB}^{θ} の計算値が，組成 x_{B}^{θ} の値に依存せず，実験誤差の範囲で一定と見なすことができれば，固溶体 θ 相のモル Gibbs エネルギー G_{m}^{θ} を正則溶体モデルで記述できることになる。一方，L_{AB}^{θ} の計算値と x_{B}^{θ} の値の間に $L_{\mathrm{AB}}^{\theta} = a + bx_{\mathrm{B}}^{\theta}$ や $L_{\mathrm{AB}}^{\theta} = a + bx_{\mathrm{B}}^{\theta} + c(x_{\mathrm{B}}^{\theta})^2$ のような関係が成立することもある。その場合には，正則溶体モデルに代わり，準正則溶体モデルを用いることになる。

一方，式 (8.23a) および式 (8.23b) の左辺の値はたがいに等しいので，以下の関係が得られる。

$$\frac{\ln f_{\mathrm{A}}^{\theta}}{(x_{\mathrm{B}}^{\theta})^2} = \frac{\ln f_{\mathrm{B}}^{\theta}}{(x_{\mathrm{A}}^{\theta})^2} \tag{8.24}$$

すなわち，過剰モル Gibbs エネルギー ${}^{\mathrm{E}}G_{\mathrm{m}}^{\theta}$ が正則溶体モデルで記述できる場

合には，活量係数 f_A^θ および f_B^θ の間に式 (8.24) の従属関係が成立する。とこ
ろで，A-B 二元系合金の置換型固溶体 θ 相に対する示強変数は，温度 T，圧
力 P，成分 A および成分 B の化学ポテンシャル G_A^θ および G_B^θ の四つである。
式 (2.34) の Gibbs-Duhem の関係式によると，これら四つの示強変数のうち，
三つは独立変数であるが，残りの一つは従属変数となる。このため，温度一定
および圧力一定の条件における平衡状態では，独立な示強変数の数はただ一つ
となる。活量係数 f_A^θ および f_B^θ に対する式 (8.24) は，Gibbs-Duhem の関係式
で規定される示強変数の間の従属関係に起因している。式 (8.24) の従属関係
が f_A^θ と f_B^θ の間に成立するので，式 (8.23a) や式 (8.23b) を用いて L_{AB}^θ の値を
評価する際には，活量測定の容易などどちらか一方の成分に対する観察実験を行
えばよいことになる。

　いま，成分 A を **溶媒**（solvent）とし，成分 B を **溶質**（solute）とする。そ
の際，温度一定および圧力一定の平衡状態において，成分 B のモル分率 x_B^θ が
非常に小さい（$x_B^\theta \cong 0$）場合には，次式のように，成分 B の活量係数 f_B^θ の値
は定数になり，成分 A の活量係数 f_A^θ の値は 1 になる。なお，溶質成分 B のモ
ル分率 x_B^θ が非常に小さな溶体 θ 相を **希薄溶体**（dilute solution）という。

$$f_A^\theta = 1 \tag{8.25a}$$

$$f_B^\theta = \text{constant} \tag{8.25b}$$

式 (8.25a) の関係を **Raoult の法則**（Raoult's law）といい，式 (8.25b) の関係
を **Henry の法則**（Henry's law）という。式 (8.25a) および式 (8.25b) の関係
は，正則溶体モデルを用い，以下のように導出することができる。すなわち，
式 (8.22a) および式 (8.22b) を変形すると，次式が得られる。

$$f_A^\theta = \exp\left\{ \frac{(x_B^\theta)^2 L_{AB}^\theta}{RT} \right\} \tag{8.26a}$$

$$f_B^\theta = \exp\left\{ \frac{(x_A^\theta)^2 L_{AB}^\theta}{RT} \right\} \tag{8.26b}$$

極限状態の希薄溶体に対する $x_B^\theta = 0$ および $x_A^\theta = 1$ の値を式 (8.26a) および式
(8.26b) にそれぞれ代入すると，以下の関係が成り立つ。

$$f_A^\theta = \exp\left\{\frac{(x_B^\theta)^2 L_{AB}^\theta}{RT}\right\} = \exp\left(\frac{0 \times L_{AB}^\theta}{RT}\right) = \exp(0) = 1 \qquad (8.27a)$$

$$f_B^\theta = \exp\left\{\frac{(x_A^\theta)^2 L_{AB}^\theta}{RT}\right\} = \exp\left(\frac{1 \times L_{AB}^\theta}{RT}\right) = \exp\left(\frac{L_{AB}^\theta}{RT}\right) = \text{constant}$$

$$(8.27b)$$

指数関数 $\exp(z)$ は，引数 z が $z = 0$ の場合に値が 1 になるので，式 (8.27a) が得られる。一方，温度一定および圧力一定の条件では，L_{AB}^θ は定数なので，式 (8.27b) の引数の値と指数関数の値は一定になる。式 (8.27a) および式 (8.27b) は，それぞれ式 (8.25a) および式 (8.25b) の関係を表している。すなわち，希薄溶体では，溶媒成分に対し Raoult の法則が成り立ち，溶質成分に対し Henry の法則が成り立つ。

式 (8.12) および式 (8.13) から知られるように，相互作用係数の値が $L_{AB}^\theta = 0$ である正則溶体は，理想溶体である。そこで，$L_{AB}^\theta = 0$ の値を式 (8.26a) および式 (8.26b) に代入すると，次式が得られる。

$$f_A^\theta = \exp\left\{\frac{(x_B^\theta)^2 L_{AB}^\theta}{RT}\right\} = \exp\left\{\frac{(x_B^\theta)^2 \times 0}{RT}\right\} = \exp(0) = 1 \qquad (8.28a)$$

$$f_B^\theta = \exp\left\{\frac{(x_A^\theta)^2 L_{AB}^\theta}{RT}\right\} = \exp\left\{\frac{(x_A^\theta)^2 \times 0}{RT}\right\} = \exp(0) = 1 \qquad (8.28b)$$

式 (8.28a) および式 (8.28b) から知られるように，理想溶体では，成分 A および成分 B に対し，全組成域において Raoult の法則が成り立つ。すなわち，全成分に対し，全組成域において Raoult の法則が成り立つ溶体を理想溶体と定義することもできる。

8.2.3　二　相　平　衡

8.2.1 項では，正則溶体モデルを用い，A–B 二元系合金の置換型固溶体 θ 相における成分 A および成分 B の化学ポテンシャルの表現式を導出した。本項では，この結果を用い，温度一定および圧力一定の条件において，同二元系合金の正則溶体 α 相および β 相の二相平衡に対するタイライン組成を計算する方法について説明する。式 (8.18a) および式 (8.18b) を式 (7.17a) および式

(7.17b) に代入すると，次式が得られる。

$$^\circ G_A^\alpha + RT\ln x_A^\alpha + (x_B^\alpha)^2 L_{AB}^\alpha = {}^\circ G_A^\beta + RT\ln x_A^\beta + (x_B^\beta)^2 L_{AB}^\beta \tag{8.29a}$$

$$^\circ G_B^\alpha + RT\ln x_B^\alpha + (x_A^\alpha)^2 L_{AB}^\alpha = {}^\circ G_B^\beta + RT\ln x_B^\beta + (x_A^\beta)^2 L_{AB}^\beta \tag{8.29b}$$

式 (8.29a) および式 (8.29b) は，形式上，四つの未知変数 x_A^α, x_A^β, x_B^α および x_B^β に対する連立方程式となっている。しかし，これらの四つの未知変数の間には，二つの従属関係 $x_A^\alpha + x_B^\alpha = 1$ および $x_A^\beta + x_B^\beta = 1$ が成り立つ。その結果，事実上，未知変数の数は四つから二つに減る。すなわち，二つの未知変数に対し二つの方程式が存在するので，解が得られることになる。ところで，8.1.2 項で述べたように，理想溶体の二相平衡を表す式 (8.8a) および式 (8.8b) は，線形連立方程式であり，式 (8.11a) および式 (8.11b) のように変形すると，陽解法による解の算出が可能となる。これに対し，式 (8.29a) および式 (8.29b) は，非線形連立方程式であり，陽解法を適用することができない。このような場合には，コンピュータを用いた数値計算法が大きな助けとなる。以下では，その方法の一例を紹介する。

まず，$x_A^\alpha + x_B^\alpha = 1$ および $x_A^\beta + x_B^\beta = 1$ の従属関係を用いて，式 (8.29a) および式 (8.29b) を以下のように変形する。

$$RT\ln\left(\frac{1 - x_B^\beta}{1 - x_B^\alpha}\right) = {}^\circ G_A^\alpha - {}^\circ G_A^\beta + (x_B^\alpha)^2 L_{AB}^\alpha - (x_B^\beta)^2 L_{AB}^\beta$$

$$\frac{1 - x_B^\beta}{1 - x_B^\alpha} = \exp\left\{\frac{{}^\circ G_A^\alpha - {}^\circ G_A^\beta + (x_B^\alpha)^2 L_{AB}^\alpha - (x_B^\beta)^2 L_{AB}^\beta}{RT}\right\}$$

$$x_B^\beta = 1 - (1 - x_B^\alpha)\exp\left\{\frac{{}^\circ G_A^\alpha - {}^\circ G_A^\beta + (x_B^\alpha)^2 L_{AB}^\alpha - (x_B^\beta)^2 L_{AB}^\beta}{RT}\right\} \tag{8.30a}$$

$$RT\ln\left(\frac{1 - x_A^\alpha}{1 - x_A^\beta}\right) = {}^\circ G_B^\beta - {}^\circ G_B^\alpha + (x_A^\beta)^2 L_{AB}^\beta - (x_A^\alpha)^2 L_{AB}^\alpha$$

$$\frac{1 - x_A^\alpha}{1 - x_A^\beta} = \exp\left\{\frac{{}^\circ G_B^\beta - {}^\circ G_B^\alpha + (x_A^\beta)^2 L_{AB}^\beta - (x_A^\alpha)^2 L_{AB}^\alpha}{RT}\right\}$$

$$x_A^\alpha = 1 - (1 - x_A^\beta)\exp\left\{\frac{{}^\circ G_B^\beta - {}^\circ G_B^\alpha + (x_A^\beta)^2 L_{AB}^\beta - (x_A^\alpha)^2 L_{AB}^\alpha}{RT}\right\} \tag{8.30b}$$

式 (8.30a) および式 (8.30b) では，右辺第二項の指数関数の引数が以下の条件を満足すれば，指数関数の値は 1 に比べて非常に小さくなる。また，そのような場合には，引数の値が多少変化しても，指数関数の値はほとんど変化しなくなる。

$$^{\circ}G_A^{\alpha} - {}^{\circ}G_B^{\beta} + (x_B^{\alpha})^2 L_{AB}^{\alpha} - (x_B^{\beta})^2 L_{AB}^{\beta} \ll 0 \tag{8.31a}$$

$$^{\circ}G_B^{\beta} - {}^{\circ}G_B^{\alpha} + (x_A^{\beta})^2 L_{AB}^{\beta} - (x_A^{\alpha})^2 L_{AB}^{\alpha} \ll 0 \tag{8.31b}$$

式 (8.31a) および式 (8.31b) の条件において，適当に選んだ初期値 $x_B^{\alpha}(0)$ および $x_B^{\beta}(0)$ を式 (8.30a) の右辺に代入し，初期値 $x_B^{\beta}(0)$ に対する第一改良値 $x_B^{\beta}(1)$ を求める。つぎに，$x_A^{\alpha}(0) = 1 - x_B^{\alpha}(0)$ および $x_A^{\beta}(1) = 1 - x_B^{\beta}(1)$ の関係式より求めた初期値 $x_A^{\alpha}(0)$ および第一改良値 $x_A^{\beta}(1)$ を式 (8.30b) に代入し，第一改良値 $x_A^{\alpha}(1)$ を算出する。また，$x_B^{\alpha}(1) = 1 - x_A^{\alpha}(1)$ の関係式より第一改良値 $x_B^{\alpha}(1)$ が決まる。このような一連の手順によって算出した第一改良値 $x_B^{\alpha}(1)$ および $x_B^{\beta}(1)$ は，初期値 $x_B^{\alpha}(0)$ および $x_B^{\beta}(0)$ よりも解に近くなっている。同様の計算を繰り返し，順次，第二改良値 $x_B^{\alpha}(2)$ および $x_B^{\beta}(2)$，第三改良値 $x_B^{\alpha}(3)$ および $x_B^{\beta}(3)$，…，第 n 改良値 $x_B^{\alpha}(n)$ および $x_B^{\beta}(n)$ を求めた際に，十分に小さな正の値 ε に対し，以下の関係が成り立つ時点で計算を停止すればよい。

$$|x_B^{\alpha}(n) - x_B^{\alpha}(n-1)| < \varepsilon \tag{8.32a}$$

$$|x_B^{\beta}(n) - x_B^{\beta}(n-1)| < \varepsilon \tag{8.32b}$$

このような第 n 改良値 $x_B^{\alpha}(n)$ および $x_B^{\beta}(n)$ を収束誤差の範囲内で近似解と見なすことができる。上記の原理に基づく数値計算法を一般に **Gauss-Seidel 法**という。Gauss-Seidel 法は，擬似的な陽解法による解の算出法を巧みに活用した数値計算法である。

8.2.4　二相分離曲線とスピノーダル曲線

式 (8.1)，(8.2) および (8.12) から知られるように，正則溶体モデルによると，A-B 二元系合金の置換型固溶体 α 相に対するモル Gibbs エネルギー G_m^{α} は，以下のように記述される。

$$G_m^{\alpha} = {}^{\circ}G_A^{\alpha} x_A^{\alpha} + {}^{\circ}G_B^{\alpha} x_B^{\alpha} + RT(x_A^{\alpha} \ln x_A^{\alpha} + x_B^{\alpha} \ln x_B^{\alpha}) + x_A^{\alpha} x_B^{\alpha} L_{AB}^{\alpha} \tag{8.33}$$

式 (8.33) を用い，温度一定および圧力一定の条件において，正符号の相互作用
係数 L^{α}_{AB} に対する α 相のモル Gibbs エネルギー G^{α}_{m}–組成曲線を求めると，**図
8.1 (a)** に太い実線で示すような結果が得られる。図 (a) によると，G^{α}_{m} 曲線の
中心部近傍が上側に凸な形状となっている。その結果，圧力一定の条件に対す
る図 (b) の平衡状態図では，$(\alpha_1 + \alpha_2)$ 二相分離領域が現れることになる。こ

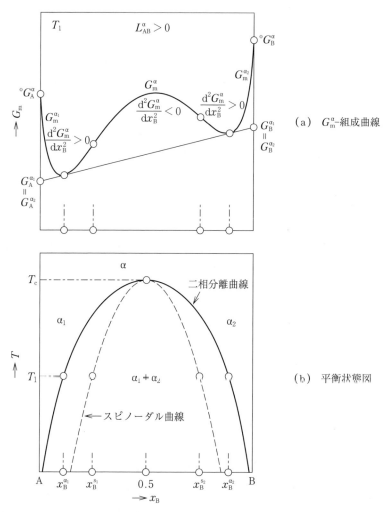

図 8.1 $(\alpha_1 + \alpha_2)$ 二相分離領域の現れるモル Gibbs エネルギー G^{α}_{m}–組成曲線 (a)
と平衡状態図 (b)

こで，α_1 相は成分 A の濃度の高い固溶体を表し，α_2 相は成分 B の濃度の高い固溶体を表している。図 (b) に太い実線で示す**二相分離領域**（miscibility gap）の相境界線を**二相分離曲線**と呼ぶ。二相分離曲線は，8.2.3 項の手法を用いて以下のように計算することができる。

A–B 二元系合金において，結晶構造の異なる 2 種類の置換型固溶体 α 相および β 相のモル Gibbs エネルギーが正則溶体モデルで記述される場合には，温度一定および圧力一定の条件の $(\alpha + \beta)$ 二相平衡に対するタイライン組成は，式 (8.29a) および式 (8.29b) の連立方程式を解くことにより求められる。一方，α 相の二相分離によって生成する α_1 相および α_2 相では，図 8.1 (a) に示すような 1 本の連続曲線で両相のモル Gibbs エネルギーを表すことができる。このような $(\alpha_1 + \alpha_2)$ 二相平衡を $(\alpha + \beta)$ 二相平衡に対応させると，式 (8.29a) および式 (8.29b) の各変数の間に以下の関係が成り立つ。

$$^{\circ}G_{\mathrm{A}}^{\beta} = {}^{\circ}G_{\mathrm{A}}^{\alpha} \tag{8.34a}$$

$$^{\circ}G_{\mathrm{B}}^{\beta} = {}^{\circ}G_{\mathrm{B}}^{\alpha} \tag{8.34b}$$

$$L_{\mathrm{AB}}^{\beta} = L_{\mathrm{AB}}^{\alpha} \tag{8.34c}$$

式 (8.34a) ～ (8.34c) の関係を式 (8.29a) および式 (8.29b) に代入すると，温度一定および圧力一定の条件における $(\alpha_1 + \alpha_2)$ 二相平衡を記述する以下の関係が得られる。

$$RT\ln x_{\mathrm{A}}^{\alpha_1} + (x_{\mathrm{B}}^{\alpha_1})^2 L_{\mathrm{AB}}^{\alpha} = RT\ln x_{\mathrm{A}}^{\alpha_2} + (x_{\mathrm{B}}^{\alpha_2})^2 L_{\mathrm{AB}}^{\alpha} \tag{8.35a}$$

$$RT\ln x_{\mathrm{B}}^{\alpha_1} + (x_{\mathrm{A}}^{\alpha_1})^2 L_{\mathrm{AB}}^{\alpha} = RT\ln x_{\mathrm{B}}^{\alpha_2} + (x_{\mathrm{A}}^{\alpha_2})^2 L_{\mathrm{AB}}^{\alpha} \tag{8.35b}$$

また，式 (8.30a) および式 (8.30b) と同様の手順により，以下の関係が導出される。

$$x_{\mathrm{B}}^{\alpha_2} = 1 - (1 - x_{\mathrm{B}}^{\alpha_1}) \exp\left[\frac{\{(x_{\mathrm{B}}^{\alpha_1})^2 - (x_{\mathrm{B}}^{\alpha_2})^2\}L_{\mathrm{AB}}^{\alpha}}{RT}\right] \tag{8.36a}$$

$$x_{\mathrm{A}}^{\alpha_1} = 1 - (1 - x_{\mathrm{A}}^{\alpha_2}) \exp\left[\frac{\{(x_{\mathrm{A}}^{\alpha_2})^2 - (x_{\mathrm{A}}^{\alpha_1})^2\}L_{\mathrm{AB}}^{\alpha}}{RT}\right] \tag{8.36b}$$

ところで，式 (8.36a) の $x_{\mathrm{B}}^{\alpha_2}$ および $x_{\mathrm{B}}^{\alpha_1}$ をそれぞれ $x_{\mathrm{A}}^{\alpha_1}$ および $x_{\mathrm{A}}^{\alpha_2}$ に置き換えると，式 (8.36b) が得られる。このことは，$x_{\mathrm{B}}^{\alpha_2} = x_{\mathrm{A}}^{\alpha_1}$ および $x_{\mathrm{B}}^{\alpha_1} = x_{\mathrm{A}}^{\alpha_2}$ の関係が

成立することを意味している。すなわち，二相分離曲線は，$x_B = 0.5$ を中心とする左右対称の曲線である。

　前述のように，相互作用係数 L_{AB}^α の符号は正である。このため，式 (8.36a) および式 (8.36b) の右辺第二項の指数関数の引数に現れる各成分のモル分率の間に以下の関係が成立すれば，Gauss–Seidel 法を用いて数値解を求めることができる。

$$(x_B^{\alpha_1})^2 \ll (x_B^{\alpha_2})^2 \tag{8.37a}$$

$$(x_A^{\alpha_2})^2 \ll (x_A^{\alpha_1})^2 \tag{8.37b}$$

式 (8.37a) および式 (8.37b) は，α_1 相および α_2 相の組成がそれぞれ純粋な成分 A および成分 B に近づくほど，Gauss–Seidel 法による数値計算が収束しやすくなることを示している。式 (8.36a) および式 (8.36b) は，収束条件が α_1 相および α_2 相の組成のみに依存するため，式 (8.30a) および式 (8.30b) よりも収束条件と平衡状態図との対応関係が理解しやすくなっている。式 (8.36a) および式 (8.36b) を用い，種々の異なる温度に対する $x_B^{\alpha_1}$ および $x_B^{\alpha_2}$ の値を求め，図 8.1 (b) の平衡状態図にプロットすると，二相分離曲線が得られる。

　図 8.1 (a) に示すように，中心部が上側に凸な形状のモル Gibbs エネルギー G_m^α–組成曲線では，二つの組成において**変曲点**が現れる。これら二つの変曲点に対する成分 B のモル分率 x_B を $x_B^{s_1}$ および $x_B^{s_2}$ と表し，$x_B^{s_1} < x_B^{s_2}$ であるとすると，$0 < x_B < x_B^{s_1}$ および $x_B^{s_2} < x_B < 1$ の組成域では $d^2 G_m^\alpha / dx_B^2 > 0$ となり，$x_B^{s_1} < x_B < x_B^{s_2}$ の組成域では $d^2 G_m^\alpha / dx_B^2 < 0$ となる。$x_B^{s_1}$ および $x_B^{s_2}$ の値を種々の異なる温度に対して求め，図 8.1 (b) の平衡状態図にプロットすると，破線のようななめらかな曲線が得られる。この曲線を**スピノーダル曲線**（spinodal curve）と呼ぶ。スピノーダル曲線は，以下で述べる方法により，解析的に求めることができる。なお，微分表記の煩雑さを避けるために，以下では，x_A^α や x_B^α をただ単に x_A や x_B と表すことにする。

　モル Gibbs エネルギー G_m^α–組成曲線の変曲点の組成 $x_B = x_B^s$ では，次式に示すように，x_B による G_m^α の二次の偏微分が 0 になる。

$$\left(\frac{\partial^2 G_{\mathrm{m}}^{\alpha}}{\partial x_{\mathrm{B}}^2}\right)_{x_{\mathrm{B}}=x_{\mathrm{s}}^{\mathrm{s}}} = 0 \tag{8.38}$$

スピノーダル曲線は，式 (8.38) を満足する組成 $x_{\mathrm{B}}^{\mathrm{s}}$ と温度 T の関係を平衡状態図にプロットしたものである。式 (8.38) の計算のために，$x_{\mathrm{A}} = 1 - x_{\mathrm{B}}$ の関係を式 (8.33) に代入して x_{A} を消去し，x_{B} による G_{m}^{α} の一次の偏微分を求めると，次式が得られる。

$$\begin{aligned}
\frac{\partial G_{\mathrm{m}}^{\alpha}}{\partial x_{\mathrm{B}}} &= \frac{\partial}{\partial x_{\mathrm{B}}}\big[{}^{\circ}G_{\mathrm{A}}^{\alpha}(1-x_{\mathrm{B}}) + {}^{\circ}G_{\mathrm{B}}^{\alpha}x_{\mathrm{B}} + RT\{(1-x_{\mathrm{B}})\ln(1-x_{\mathrm{B}}) + x_{\mathrm{B}}\ln x_{\mathrm{B}}\} \\
&\qquad + (1-x_{\mathrm{B}})x_{\mathrm{B}}L_{\mathrm{AB}}^{\alpha}\big] \\
&= -{}^{\circ}G_{\mathrm{A}}^{\alpha} + {}^{\circ}G_{\mathrm{B}}^{\alpha} + RT\left\{-\ln(1-x_{\mathrm{B}}) + \frac{1-x_{\mathrm{B}}}{1-x_{\mathrm{B}}}(-1) + \ln x_{\mathrm{B}} + \frac{x_{\mathrm{B}}}{x_{\mathrm{B}}}\right\} \\
&\qquad - x_{\mathrm{B}}L_{\mathrm{AB}}^{\alpha} + (1-x_{\mathrm{B}})L_{\mathrm{AB}}^{\alpha} \\
&= ({}^{\circ}G_{\mathrm{B}}^{\alpha} - {}^{\circ}G_{\mathrm{A}}^{\alpha}) + RT\{\ln x_{\mathrm{B}} - \ln(1-x_{\mathrm{B}}) - 1 + 1\} + (1-2x_{\mathrm{B}})L_{\mathrm{AB}}^{\alpha} \\
&= ({}^{\circ}G_{\mathrm{B}}^{\alpha} - {}^{\circ}G_{\mathrm{A}}^{\alpha}) + RT\{\ln x_{\mathrm{B}} - \ln(1-x_{\mathrm{B}})\} + (1-2x_{\mathrm{B}})L_{\mathrm{AB}}^{\alpha} \tag{8.39}
\end{aligned}$$

式 (8.39) は，x_{A} を消去したにもかかわらず，常微分ではなく偏微分の形式になっている。これは，圧力 P が一定であっても，成分 B のモル分率 x_{B} と温度 T がモル Gibbs エネルギー G_{m}^{α} の独立変数となっているからである。式 (8.39) を x_{B} でさらに偏微分すると，次式が導出される。

$$\begin{aligned}
\frac{\partial^2 G_{\mathrm{m}}^{\alpha}}{\partial x_{\mathrm{B}}^2} &= \frac{\partial}{\partial x_{\mathrm{B}}}\big[({}^{\circ}G_{\mathrm{B}}^{\alpha} - {}^{\circ}G_{\mathrm{A}}^{\alpha}) + RT\{\ln x_{\mathrm{B}} - \ln(1-x_{\mathrm{B}})\} + (1-2x_{\mathrm{B}})L_{\mathrm{AB}}^{\alpha}\big] \\
&= RT\left(\frac{1}{x_{\mathrm{B}}} + \frac{1}{1-x_{\mathrm{B}}}\right) - 2L_{\mathrm{AB}}^{\alpha} = RT\frac{(1-x_{\mathrm{B}})+x_{\mathrm{B}}}{x_{\mathrm{B}}(1-x_{\mathrm{B}})} - 2L_{\mathrm{AB}}^{\alpha} \\
&= \frac{RT}{x_{\mathrm{B}}(1-x_{\mathrm{B}})} - 2L_{\mathrm{AB}}^{\alpha} = 0 \tag{8.40}
\end{aligned}$$

式 (8.40) より，以下の関係が成り立つ。

$$x_{\mathrm{B}}(1-x_{\mathrm{B}}) = x_{\mathrm{B}}x_{\mathrm{A}} = (1-x_{\mathrm{A}})x_{\mathrm{A}} = \frac{RT}{2L_{\mathrm{AB}}^{\alpha}} \tag{8.41}$$

式 (8.41) が，スピノーダル曲線の解析的な表現式である。

ところで，L_{AB}^{α} が定数の場合，式 (8.41) の最左辺と最右辺を微分すると，次式が得られる。

$$(1 - x_{\mathrm{B}})\mathrm{d}x_{\mathrm{B}} - x_{\mathrm{B}}\mathrm{d}x_{\mathrm{B}} = (1 - 2x_{\mathrm{B}})\mathrm{d}x_{\mathrm{B}} = \frac{R}{2L_{\mathrm{AB}}^{\alpha}}\,\mathrm{d}T \qquad (8.42)$$

また，式 (8.42) を変形すると，次式が導出される。

$$\frac{\mathrm{d}T}{\mathrm{d}x_{\mathrm{B}}} = \frac{2L_{\mathrm{AB}}^{\alpha}}{R}(1 - 2x_{\mathrm{B}}) \qquad (8.43)$$

式 (8.43) は，図 8.1 (b) の平衡状態図におけるスピノーダル曲線の勾配 $\mathrm{d}T/\mathrm{d}x_{\mathrm{B}}$ の組成依存性を示している。式 (8.43) から知られるように，$x_{\mathrm{B}} = 0.5$ において $\mathrm{d}T/\mathrm{d}x_{\mathrm{B}} = 0$ となる。式 (8.41) および式 (8.43) によると，スピノーダル曲線は $x_{\mathrm{B}} = 0.5$ を中心軸とする左右対称の曲線である。$\mathrm{d}T/\mathrm{d}x_{\mathrm{B}} = 0$ に対応するスピノーダル曲線の頂点を**臨界点**（critical point）といい，臨界点の温度 T_{c} を**臨界温度**（critical temperature）という。$x_{\mathrm{B}} = 0.5$ を式 (8.41) に代入すると，臨界温度 T_{c} が次式のように求まる。

$$T_{\mathrm{c}} = \frac{2L_{\mathrm{AB}}^{\alpha} \times 0.5(1 - 0.5)}{R} = \frac{L_{\mathrm{AB}}^{\alpha}}{2R} \qquad (8.44)$$

式 (8.44) から知られるように，正符号の相互作用係数 L_{AB}^{α} の値が大きいほど，臨界温度 T_{c} は高くなり，**スピノーダル領域**は広くなる。これに対し，$L_{\mathrm{AB}}^{\alpha} = 0$ の理想溶体では，臨界温度は $T_{\mathrm{c}} = 0\,\mathrm{K}$ となる。すなわち，理想溶体では，有限温度域においてスピノーダル領域は現れない。

いま，組成 x_{B}^{0} の A-B 二元系合金を考える。以下では，この合金を x_{B}^{0} 合金と呼ぶことにする。図 8.1 (b) から知られるように，$T > T_{\mathrm{c}}$ の温度域では，全組成域において，x_{B}^{0} 合金の**平衡組織**（equilibrium microstructure）は α 単相組織となる。一方，$T = T_1$ の温度では，$x_{\mathrm{B}}^{\alpha_1} < x_{\mathrm{B}}^{0} < x_{\mathrm{B}}^{\alpha_2}$ の組成域において，x_{B}^{0} 合金の平衡組織は $(\alpha_1 + \alpha_2)$ 二相組織となる。そこで，$T > T_{\mathrm{c}}$ の温度で組成の均一な α 単相組織とした x_{B}^{0} 合金を $T = T_1$ の温度で等温保持（isothermal annealing）すると，$\alpha \to \alpha_1 + \alpha_2$ の**二相分離反応**が進行する。その際，図 8.1 (a) に示すように，$x_{\mathrm{B}}^{\alpha_1} < x_{\mathrm{B}}^{0} < x_{\mathrm{B}}^{s_1}$ および $x_{\mathrm{B}}^{s_2} < x_{\mathrm{B}}^{0} < x_{\mathrm{B}}^{\alpha_2}$ の組成域では，$\mathrm{d}^2 G_{\mathrm{m}}^{\alpha}/\mathrm{d}x_{\mathrm{B}}^2 > 0$ の関係が成り立つので，α 相中に**濃度ゆらぎ**が発生すると，モル Gibbs エネルギー G_{m}^{α} の値は増加する。この場合には，上記の二相分離反応は，過飽和母相中における第二相の核生成および成長の機構によって進行する。これに対し，

$x_\mathrm{B}^{s_1} < x_\mathrm{B}^0 < x_\mathrm{B}^{s_2}$ の組成域では，$\mathrm{d}^2G_\mathrm{m}^\alpha/\mathrm{d}x_\mathrm{B}^2 < 0$ であるので，α 相中に発生した濃度ゆらぎの振幅が大きくなると，モル Gibbs エネルギー G_m^α の値は減少する。その結果，上記の二相分離反応は，濃度ゆらぎの連続的な振幅増大によって進行する。このような特異な機構による二相分離反応を**スピノーダル分解**（spinodal decomposition）という。なお，析出反応に対する核生成や成長については，9 章で詳細に説明する。

8.2.5　相互拡散係数

A-B 二元系合金の置換型固溶体 θ 相における**相互拡散係数**（interdiffusion coefficient）D は，成分 A および成分 B の**自己拡散係数**（self-diffusion coefficient）D_A^* および D_B^* と，次式のように関係づけられる。

$$D = (x_\mathrm{B}^\theta D_\mathrm{A}^* + x_\mathrm{A}^\theta D_\mathrm{B}^*)\left(1 + \frac{\mathrm{d}\ln f_\mathrm{B}^\theta}{\mathrm{d}\ln x_\mathrm{B}^\theta}\right) \tag{8.45}$$

式 (8.45) の f_B^θ は，式 (7.30) で定義される活量係数である。式 (8.45) は，**Darken の関係式**（Darken's relationship）という。上記の固溶体 θ 相のモル Gibbs エネルギー G_m^θ が正則溶体モデルで記述される場合には，式 (8.22b) に示したように，活量係数 f_B^θ の組成依存性は次式のように表される。

$$\ln f_\mathrm{B}^\theta = (1 - x_\mathrm{B}^\theta)^2 \frac{L_\mathrm{AB}^\theta}{RT} \tag{8.46}$$

ところで，自然対数 $\ln y$ の微分は，次式のように求められる。

$$\mathrm{d}\ln y = \frac{\mathrm{d}y}{y} \tag{8.47}$$

式 (8.47) に従い，式 (8.46) の $\ln f_\mathrm{B}^\theta$ を $\ln x_\mathrm{B}^\theta$ で微分すると，次式が得られる。

$$\frac{\mathrm{d}\ln f_\mathrm{B}^\theta}{\mathrm{d}\ln x_\mathrm{B}^\theta} = x_\mathrm{B}^\theta \frac{\mathrm{d}\ln f_\mathrm{B}^\theta}{\mathrm{d}x_\mathrm{B}^\theta} = x_\mathrm{B}^\theta \frac{L_\mathrm{AB}^\theta}{RT} \frac{\mathrm{d}(1 - x_\mathrm{B}^\theta)^2}{\mathrm{d}x_\mathrm{B}^\theta} = x_\mathrm{B}^\theta \frac{L_\mathrm{AB}^\theta}{RT} 2(1 - x_\mathrm{B}^\theta)(-1)$$

$$= -\frac{2L_\mathrm{AB}^\theta}{RT} x_\mathrm{B}^\theta(1 - x_\mathrm{B}^\theta) = -\frac{2L_\mathrm{AB}^\theta}{RT} x_\mathrm{A}^\theta x_\mathrm{B}^\theta \tag{8.48}$$

式 (8.48) を式 (8.45) に代入すると，相互拡散係数 D の組成依存性を表す以下の関係式が導出される。

$$D = (x_\mathrm{B}^\theta D_\mathrm{A}^* + x_\mathrm{A}^\theta D_\mathrm{B}^*)\left(1 + \frac{\mathrm{d}\ln f_\mathrm{B}^\theta}{\mathrm{d}\ln x_\mathrm{B}^\theta}\right)$$

$$= (x_\mathrm{B}^\theta D_\mathrm{A}^* + x_\mathrm{A}^\theta D_\mathrm{B}^*)\left(1 - \frac{2L_\mathrm{AB}^\theta}{RT}x_\mathrm{A}^\theta x_\mathrm{B}^\theta\right) = (x_\mathrm{B}^\theta D_\mathrm{A}^* + x_\mathrm{A}^\theta D_\mathrm{B}^*)(1 + \varphi) \quad (8.49)$$

式 (8.49) の最右辺の φ は，以下のように定義される変数項である。

$$\varphi \equiv -\frac{2L_\mathrm{AB}^\theta}{RT}x_\mathrm{A}^\theta x_\mathrm{B}^\theta \tag{8.50}$$

式 (8.49) による相互拡散係数 D の組成依存性を**図 8.2** に模式的に示す。

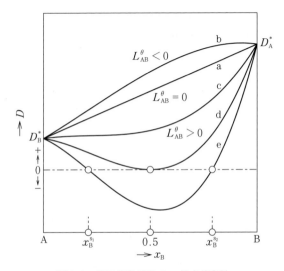

図 8.2　相互拡散係数 D の組成依存性

　なお，図 8.2 では，$D_\mathrm{A}^* > D_\mathrm{B}^*$ としている。理想溶体では，$L_\mathrm{AB}^\theta = 0$ であり，式 (8.50) において $\varphi = 0$ となるため，式 (8.49) による D の組成依存性は，次式のように D_A^* および D_B^* の一次結合で表される。

$$D = x_\mathrm{B}^\theta D_\mathrm{A}^* + x_\mathrm{A}^\theta D_\mathrm{B}^* \tag{8.51}$$

図の直線 a は，式 (8.51) による D の組成依存性を示している。式 (8.51) によると，$x_\mathrm{A}^\theta = 1$ および $x_\mathrm{B}^\theta = 0$ において $D = D_\mathrm{B}^*$ となり，$x_\mathrm{A}^\theta = 0$ および $x_\mathrm{B}^\theta = 1$ において $D = D_\mathrm{A}^*$ となる。すなわち，希薄溶体の相互拡散係数 D の値は，溶媒成分 j の自己拡散係数 D_j^* ではなく，溶質成分 i の自己拡散係数 D_i^* に支配さ

れて決まる。一方，成分Aおよび成分Bが引力的な相互作用を示す $L_{AB}^{\theta} < 0$ の場合には，φ の値は，$0 < x_A^{\theta} < 1$ および $0 < x_B^{\theta} < 1$ の組成域で正となり，$x_A^{\theta} = x_B^{\theta} = 0.5$ において最大になる。このため，D の組成依存性は，図の曲線 b のように，上側に凸な形状となる。すなわち，成分Aおよび成分Bが引力的な相互作用を示す場合には，D の値は，式 (8.51) の一次結合から算出される値よりも大きくなる。これとは逆に，成分Aおよび成分Bが斥力的な相互作用を示す $L_{AB}^{\theta} > 0$ の場合には，φ の値は，$0 < x_A^{\theta} < 1$ および $0 < x_B^{\theta} < 1$ の組成域で負となり，$x_A^{\theta} = x_B^{\theta} = 0.5$ において絶対値が最大になる。その結果，D の組成依存性は，図の曲線 c のように下側に凸な形状となる。また，L_{AB}^{θ} の値が大きくなると，下側に凸な形状がより顕著になり，曲線の形状は c→d→e のように変化する。特に曲線 e に注目すると，$D < 0$ となる組成域が現れる。式 (8.49) によると，$\varphi = -1$ において $D = 0$ となる。式 (8.50) に $\varphi = -1$ を代入すると，次式が得られる。

$$x_A^{\theta} x_B^{\theta} = \frac{RT}{2L_{AB}^{\theta}} \tag{8.52}$$

式 (8.52) は，スピノーダル曲線を表す式 (8.41) と同じ形式になっている。このことより，相互拡散係数 D の値は，スピノーダル曲線の組成において 0 になり，スピノーダル領域の内側において負になることが知られる。D の値が負であれば，**図 8.3** に示すように，溶質成分Bは濃度 x_B の低いほうから高いほうへ向かって拡散し，時間の経過に伴い，濃度ゆらぎの振幅が次第に大きくなる。これが，スピノーダル分解の機構である。図 8.2 の曲線 e で示す相互拡散係数 D の組成依存性は，スピノーダル分解の機構に対する速度論的な解釈を表している。これに対し，図 8.1 (a) のモル Gibbs エネルギー–組成曲線は，スピノーダル分解の機構に対するエネルギー論的な解釈を示している。このように，同一の物理現象に対し，異なる視点による複数の理論的な解釈が可能である。

ところで，図 8.2 の曲線 d は，$x_A^{\theta} = x_B^{\theta} = 0.5$ において $D = 0$ となる。そこで，$x_A^{\theta} = x_B^{\theta} = 0.5$ の値を式 (8.52) に代入すると，次式が得られる。

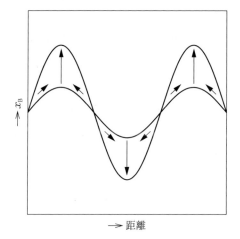

図 8.3 スピノーダル分解による濃度ゆらぎ

$$T_c = \frac{L_{AB}^\theta}{2R} \tag{8.53}$$

式 (8.53) の T_c は，図 8.2 の曲線 d が実現される温度を示している。式 (8.53) を式 (8.44) と比較すると，上記の温度 T_c がスピノーダル曲線の臨界温度に対応することが知られる。$T = T_c$ の温度では，$x_A^\theta = x_B^\theta = 0.5$ の組成で $D = 0$ となるので，θ 相中にどのような濃度分布が存在しても，組成点 $x_A^\theta = x_B^\theta = 0.5$ を通過する拡散は起らない。

8.3 ライン化合物

A-B 二元系合金において，成分 A および成分 B のモル分率 x_A および x_B が単純な整数比 $x_A : x_B = a : b$ で表される**中間相** A_aB_b の現れる場合がある。このような中間相を**金属間化合物**（intermetallic compound）といい，単純な整数比の組成を**化学量論組成**（stoichiometric composition）という。以下では，化学量論組成 A_aB_b の金属間化合物を γ 相と表すことにする。本節では，γ 相と通常の固溶体 α 相との $(\alpha + \gamma)$ 二相平衡に対するタイラインの計算法について検討する。以下では，$(\alpha + \gamma)$ 二相平衡のタイラインを単に α/γ 二相タイラ

インと呼ぶことにする。

　ところで，安定温度域において化学量論組成が維持される金属間化合物を**ラ
イン化合物**（line compound）という。**図 8.4** は，温度一定および圧力一定の
条件における，ライン化合物 γ 相に対するモル Gibbs エネルギー G_{m}^{γ}–組成曲線
を示している。図 8.4 から知られるように，G_{m}^{γ} の値は，化学量論組成 A_aB_b か
ら少しでもずれると非常に大きくなる。G_{m}^{γ} のこのような極端な組成依存性を
連続関数によって精度よく表現することは，困難である。このため，組成
A_aB_b における G_{m}^{γ} の値を $^{\circ}G_{\mathrm{A}_a\mathrm{B}_b}^{\gamma}$ と表し，それ以外の組成における G_{m}^{γ} の値を無
限大とする近似的な方法が用いられている。しかし，この近似的な G_{m}^{γ} の表記
法では，図 8.4 に示すように，組成 A_aB_b における G_{m}^{γ} の接線が無数に存在す
るので，γ 相中の各成分の化学ポテンシャルが唯一の値には定まらないことに
なる。このため，7.2 節で述べた溶体 α 相および β 相の二相平衡と同様に，ラ
イン化合物 γ 相と溶体 α 相の二相平衡においても，各成分の化学ポテンシャ
ルが各相中でたがいに等しくなるにもかかわらず，式 (7.1) の熱力学平衡条件
を用いて α/γ 二相タイラインの組成を評価することはできない。

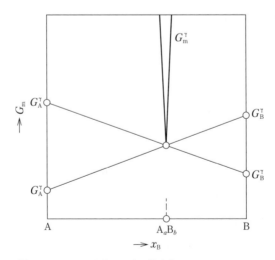

図 8.4　A–B 二元系のライン化合物 A_aB_b のモル Gibbs
エネルギー G_{m}^{γ}–組成曲線

　図8.5は，温度一定および圧力一定の条件における，上記のライン化合物 γ
相と溶体 α 相に対するモル Gibbs エネルギー G_m^{θ}–組成曲線を示している。ここ
で，G_m^{α} は α 相のモル Gibbs エネルギーを表し，G_m^{γ} は γ 相のモル Gibbs エネル
ギーを表している。図7.3 (a) におけると同様に，図8.5 の G_m^{α} 曲線および G_m^{γ}
曲線に対し共通接線を引くことができる。G_m^{α} 曲線および G_m^{γ} 曲線に対する共
通接線の接点組成 x_B^{α} および x_B^{γ} が，それぞれ α/γ 二相タイラインの α 相側お
よび γ 相側の組成に対応する。ここで，化学量論組成 $A_a B_b$ とモル分率 x_A^{γ} およ
び x_B^{γ} の間に，以下の関係が成立する。

$$x_A^{\gamma} \equiv \frac{a}{a+b} \tag{8.54a}$$

$$x_B^{\gamma} \equiv \frac{b}{a+b} \tag{8.54b}$$

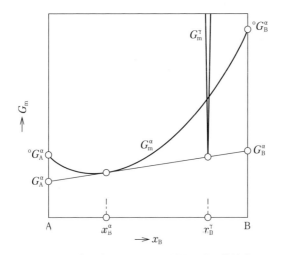

図8.5　α/γ 二相タイラインに対する共通接線法

　図の共通接線による α/γ 二相タイラインの幾何学的な評価法は，次式で表
すことができる。

$$x_A^{\gamma} G_A^{\alpha}(x_A^{\alpha}, x_B^{\alpha}) + x_B^{\gamma} G_B^{\alpha}(x_A^{\alpha}, x_B^{\alpha}) = {}^{\circ}G_{A_a B_b}^{\gamma} \tag{8.55}$$

図8.5 に示すように，式 (8.55) の G_A^{α} および G_B^{α} は，(α + γ) 二相平衡に対す

る α 相中の成分 A および成分 B の化学ポテンシャルをそれぞれ示している。モル分率に対する式 (7.3) の定義によると，$x_A^\alpha + x_B^\alpha = 1$ の関係が成立する。このため，x_A^α および x_B^α のどちらか一方が独立変数であり他方が従属変数である。その結果，一つの未知変数 x_A^α あるいは x_B^α に対し，式 (8.55) の方程式を解けば，α/γ 二相タイラインの α 相側の組成が求まることになる。

　8.1 節で述べたように，固溶体では，結晶格子の格子点が固定され並進規則性を有するため，各格子点における原子配置のエントロピーを統計力学の手法によって解析的に評価することができる。統計力学によるこのような評価は，式 (8.2) の理想溶体モデルや式 (8.33) の正則溶体モデルに反映されている。これに対し，液相は，固溶体のような格子点の固定された並進規則的な結晶構造をもたない。このような視点によると，式 (8.2) や式 (8.33) を液相に適用することはできない。しかし，多くの二元系合金では，式 (8.22a) および式 (8.22b) の Darken の二乗形式を用いて，液相中の各成分の活量係数の組成依存性に対する実測結果を再現できることが知られている。このことは，当該の二元系合金では，液相のモル Gibbs エネルギーが正則溶体モデルによって適切に記述されることを意味している。

析 出 反 応

9.1 析出反応の駆動力

　7章で述べたように，モル Gibbs エネルギー G_m は，温度，圧力および各成分のモル分率を独立変数とする熱力学量である。また，8章で述べたように，モル Gibbs エネルギー G_m が，これらの独立変数の数学関数で記述されれば，計算によって平衡状態図を構築することができる。一方，モル Gibbs エネルギー G_m は，温度一定および圧力一定の条件における相変態の駆動力を推定するために活用することもできる。本節では，このような駆動力の評価法について説明する。

　圧力一定の条件における A–B 二元系合金の**共晶型**（eutectic）の平衡状態図を**図 9.1** に模式的に示す。図の縦軸は温度 T を表し，横軸は成分 B のモル分率 x_B を表している。また，α 相は成分 A の固相に成分 B が溶け込んだ固溶体を示し，β 相は成分 B の固相に成分 A が溶け込んだ固溶体を示し，L 相は液相を示している。一方，点 a および点 b は，それぞれ純粋な成分 A および成分 B の融点あるいは**凝固点**を表している。点 a および点 b の相変態温度は，固相から液相への相変態では融点と呼び，液相から固相への相変態では凝固点と呼ぶ。

　図 9.1 に示す共晶型状態図では，α 相の凝固点は成分 B の濃度が高くなると曲線 ae に沿って低下し，β 相の凝固点は成分 A の濃度が高くなると曲線 be に沿って低下し，点 e において最低値に達する。このように，共晶型状態図では，成分 A および成分 B の両方に**凝固点降下**が現れる。また，曲線 aeb より

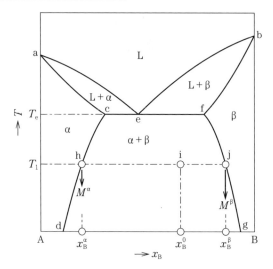

図 9.1　A-B 二元系合金の共晶型状態図

も温度の高い領域では，成分 A および成分 B はたがいに溶け合い，均質な L 相を形成する。一方，α 相および β 相が単相領域を形成するのは，それぞれ閉曲線 acdAa および bfgBb で囲まれた領域である。曲線 ae および曲線 be は，それぞれ α 相および β 相の**液相線**（liquidus curve）といい，曲線 ac および曲線 bf は，それぞれ α 相および β 相の**固相線**（solidus curve）という。また，曲線 cd および曲線 fg は，それぞれ α 相および β 相の**溶解度線**（solubility curve）という。L，α および β 各単相領域に挟まれた閉曲線 acea，befb および cdgfc の各領域は，それぞれ (L + α)，(L + β) および (α + β) の二相領域である。二相領域において現れる各相の量は，**梃子の法則**（lever rule）を用いて評価することができる。すなわち，図 9.1 に示す組成 x_B^0 の合金が温度 T_1 において平衡状態に達すると，(α + β) 二相組織となる。その際，α 相および β 相の量 M^α および M^β と組成 x_B^α および x_B^β との間に，次式の関係が成立する。

$$M^\alpha : M^\beta = (x_B^\beta - x_B^0) : (x_B^0 - x_B^\alpha) = \mathrm{ij} : \mathrm{hi} \tag{9.1}$$

式 (9.1) は，点 i を支点とし，点 h および点 j にそれぞれ質量 M^α および M^β の分銅を吊り下げた梃子に対する**釣合いの式**と類似している。これが，梃子の

法則と呼ばれる理由である。なお，図 9.1 の平衡状態図では，$M^\alpha : M^\beta$ は α 相およびβ相の量のモル比を示している。これに対し，$T = T_e$ の温度では，点 e の組成の L 相，点 c の組成の α 相および点 f の組成の β 相が関与する三相平衡が現れる。いま，点 e の組成の A-B 二元系合金を $T > T_e$ の温度で組成の均一な L 単相組織とした後，T_e よりもわずかに低い温度 $T \cong T_e$ で等温保持すると，点 c の組成の α 相と点 f の組成の β 相が生成する。また，等温保持時間が長くなると，α 相および β 相は成長し，L 相は最終的に消失する。このような L → α + β の相変態を**共晶変態**（eutectic transformation）と呼ぶ。また，温度 T_e を**共晶温度**（eutectic temperature）といい，点 e を**共晶組成**（eutectic composition）という。

　上述のように，図 9.1 の縦軸は温度 T を表し，横軸は成分 B のモル分率 x_B を表している。式 (7.3) によると，成分 A および成分 B のモル分率 x_A および x_B は，次式のように定義される。

$$x_A \equiv \frac{n_A}{n_A + n_B} \tag{9.2a}$$

$$x_B \equiv \frac{n_B}{n_A + n_B} \tag{9.2b}$$

式 (9.2a) および式 (9.2b) の n_A および n_B は，それぞれ成分 A および成分 B のモル数を表している。ここで，モル数 n_A および n_B は，示量変数である。このため，モル分率 x_A および x_B は，示量変数の性質を継承している。一方，示量変数であるモル数 n_A および n_B と共役な示強変数は，それぞれ成分 A および成分 B の化学ポテンシャル G_A および G_B である。式 (7.28) によると，化学ポテンシャル G_A および G_B は，それぞれ成分 A および成分 B の活量 a_A および a_B に変換することができる。化学ポテンシャル G_A および G_B と同様に，活量 a_A および a_B も示強変数である。図 9.1 の縦軸はそのままで，横軸のモル分率 x_B を活量 a_B に置き換えた共晶型状態図を**図 9.2** に模式的に示す。

　式 (7.1) によると，温度一定および圧力一定の条件における (α + β) 二相平衡では，成分 A および成分 B のそれぞれに対し，α 相と β 相における化学ポテ

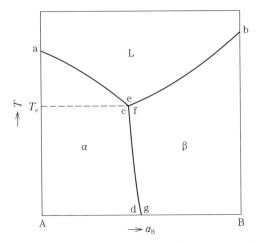

図 9.2 図 9.1 の横軸を活量 a_B に置き換えた A–B 二元系
合金の共晶型状態図

ンシャルがたがいに等しくなる。このような関係は，(L + α) および (L + β) の
二相平衡についても成立する。そこで，基準状態を統一すると，次式が得られる。

$$a_i^{\alpha} = a_i^{\beta} \qquad (i = \text{A}, \text{B}) \tag{9.3a}$$

$$a_i^{\text{L}} = a_i^{\alpha} \qquad (i = \text{A}, \text{B}) \tag{9.3b}$$

$$a_i^{\text{L}} = a_i^{\beta} \qquad (i = \text{A}, \text{B}) \tag{9.3c}$$

式 (9.3a)〜(9.3c) の a_i^{α}，a_i^{β} および a_i^{L} は，それぞれ α 相，β 相および L 相にお
ける成分 i (i = A, B) の活量を表している。(α + β) 二相平衡に対し式 (9.3a)
が成立するので，図 9.1 の溶解度線 cd および fg は，図 9.2 ではたがいに一致
する。また，(L + α) 二相平衡に対し式 (9.3b) が成り立つので，図 9.1 の固相
線 ac と液相線 ae は，図 9.2 ではたがいに一致する。同様に，(L + β) 二相平衡
に対し式 (9.3c) が成立するので，図 9.1 の固相線 bf と液相線 be は，図 9.2 で
はたがいに一致する。その結果，図 9.1 の二相領域は，図 9.2 では曲線によっ
て表されることになる。

　式 (7.33) に示したように，Gibbs の相律は，次式のように表される。

$$f = r + 2 - p \tag{9.4}$$

式 (9.4) の r は成分の数であり，p は相の数であり，f は自由度である。また，

式 (9.4) の右辺第二項の数値2は，温度と圧力に対応している。上述のように，図9.2は，温度 T および成分Bの活量 a_B をそれぞれ縦軸および横軸の変数に選び，圧力一定の条件における A-B 二元系合金の共晶型状態図を模式的に示したものである。すなわち，図9.2のような平衡状態図では，値の一定な圧力が自由度の評価から除外されるので，式 (9.4) は次式のように書き換えられることになる。

$$f = r + 1 - p \tag{9.5}$$

式 (9.5) は，r 元系における圧力一定の平衡状態に対する Gibbs の相律を表している。式 (9.5) に $r = 2$ を代入すると，次式が得られる。

$$f = 3 - p \tag{9.6}$$

式 (9.6) によると，図9.2の平衡状態図では，$p = 1$ の単相平衡に対し $f = 2$ となり，$p = 2$ の二相平衡に対し $f = 1$ となり，$p = 3$ の三相平衡に対し $f = 0$ となる。6.1節で述べたように，$f = 2$ の平衡を二変系平衡といい，$f = 1$ の平衡を一変系平衡といい，$f = 0$ の平衡を不変系平衡という。

いま，図9.1の共晶型状態図において，組成 x_B^α の A-B 二元系合金を考える。この合金を固相線 ac と溶解度線 cd に挟まれた α 単相領域の温度で組成の均一な α 単相組織とした後，(α + β) 二相領域に対応する $T < T_1$ の一定温度 T で等温保持すると，過飽和な α 母相から β 相が第二相として生成する**析出反応**（precipitation）が進行する。その様子を**図9.3**に模式的に示す。

このような析出反応の駆動力は，モル Gibbs エネルギー–組成曲線を用いて

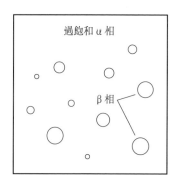

過飽和 α 相

β 相

図9.3 析出反応による (α + β)
二相組織の形成

評価することができる。**図9.4**は，$T < T_1$ の一定温度 T における α 相および β 相のモル Gibbs エネルギー G_m^α および G_m^β に対する模式的なモル Gibbs エネルギー–組成曲線を表している。温度 T における (α + β) 二相平衡に対するタイライン組成 $x_B^{\alpha/\beta}$ および $x_B^{\beta/\alpha}$ は，図7.3 (a) の共通接線法を用いて，図9.4 に示すように求めることができる。組成 x_B^α の過飽和な α 母相から β 相が可逆過程によって析出し，α 相および β 相の組成がそれぞれ $x_B^{\alpha/\beta}$ および $x_B^{\beta/\alpha}$ に一致すると，過飽和 α 相の 1 mol 当りの析出反応の駆動力は，図9.4 の中央部に矢印で示す ΔG_m^p の値となる。組成 x_B^α の α 相における成分 A および成分 B の化学ポテンシャルをそれぞれ $G_A^\alpha(x_B^\alpha)$ および $G_B^\alpha(x_B^\alpha)$ とし，(α + β) 二相平衡に対する成分 A および成分 B の化学ポテンシャルをそれぞれ $G_A^\alpha(x_B^{\alpha/\beta})$ および $G_B^\alpha(x_B^{\alpha/\beta})$ とし，$x_A = 1 - x_B$ の関係を用いると，駆動力 ΔG_m^p の値は，図9.4 の幾何学的な関係に従って，以下のように求められる。

$$\begin{aligned}
\Delta G_m^p &= G_m^\alpha(x_B^\alpha) - \{(1 - x_B^\alpha)G_A^\alpha(x_B^{\alpha/\beta}) + x_B^\alpha G_B^\alpha(x_B^{\alpha/\beta})\} \\
&= \{(1 - x_B^\alpha)G_A^\alpha(x_B^\alpha) + x_B^\alpha G_B^\alpha(x_B^\alpha)\} - \{(1 - x_B^\alpha)G_A^\alpha(x_B^{\alpha/\beta}) + x_B^\alpha G_B^\alpha(x_B^{\alpha/\beta})\} \\
&= (1 - x_B^\alpha)\{G_A^\alpha(x_B^\alpha) - G_A^\alpha(x_B^{\alpha/\beta})\} + x_B^\alpha\{G_B^\alpha(x_B^\alpha) - G_B^\alpha(x_B^{\alpha/\beta})\} \quad (9.7)
\end{aligned}$$

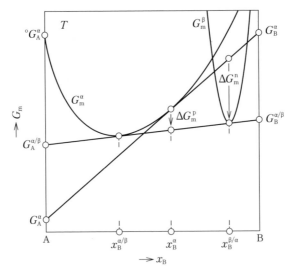

図9.4 A-B 二元系合金のモル Gibbs エネルギー–組成曲線

式 (9.7) から知られるように，自発的に進行する析出反応では，$\Delta G_{\mathrm{m}}^{\mathrm{p}}$ は正の値となる。

9.2 核生成の駆動力

9.1 節で述べたように，図 9.1 の共晶型状態図に示す組成 x_{B}^{α} の A-B 二元系合金を組成の均一な α 単相組織とした後，$T < T_1$ の一定温度 T で等温保持すると，過飽和な α 母相から β 相が析出する。統計力学の知見によると，巨視的に均質な α 相であっても，微視的な濃度ゆらぎが存在する。一方，温度一定および圧力一定の条件における平衡状態では，各成分の化学ポテンシャルが物体全体にわたって等しくなる。図 9.4 の勾配の大きな直線は，α 相のモル Gibbs エネルギー G_{m}^{α} 曲線に対する組成 x_{B}^{α} における接線を表している。過飽和な α 母相に微視的な濃度ゆらぎが出現しても，微視的な濃度ゆらぎの微小領域に対するモル Gibbs エネルギーがこの接線に沿って変化すれば，成分 A および成分 B の化学ポテンシャルはそれぞれ $G_{\mathrm{A}}^{\alpha}(x_{\mathrm{B}}^{\alpha})$ および $G_{\mathrm{B}}^{\alpha}(x_{\mathrm{B}}^{\alpha})$ の値を維持することができる。その際，組成 x_{B}^{α} の過飽和な α 母相において，組成 x_{B}^{β} の微小領域が濃度ゆらぎによって生成し，同微小領域の α 相が可逆過程によって β 相に相変態すると，図 9.4 に示すように，β 相 1 mol 当り $\Delta G_{\mathrm{m}}^{\mathrm{n}}$ だけ同領域のモル Gibbs エネルギーが減少する。モル Gibbs エネルギーの減少量 $\Delta G_{\mathrm{m}}^{\mathrm{n}}$ は，β 相の孤立した**核**（nucleus）が生成するための駆動力と見なすことができる。ここで，核の生成反応を**核生成**（nucleation）という。

図 9.4 に示すように，G_{m}^{β} 曲線が谷部の鋭い形状の場合には，β 相の核の組成 x_{B}^{β} が α/β 二相タイラインの β 相側の組成 $x_{\mathrm{B}}^{\beta/\alpha}$ に一致すると，駆動力 $\Delta G_{\mathrm{m}}^{\mathrm{n}}$ が最大となり，核生成が起こりやすくなる。そのような $\Delta G_{\mathrm{m}}^{\mathrm{n}}$ の最大値は，図 9.4 の幾何学的な関係に従って，次式のように求められる。

$$\begin{aligned} \Delta G_{\mathrm{m}}^{\mathrm{n}} &= \{(1 - x_{\mathrm{B}}^{\beta/\alpha})G_{\mathrm{A}}^{\alpha}(x_{\mathrm{B}}^{\alpha}) + x_{\mathrm{B}}^{\beta/\alpha}G_{\mathrm{B}}^{\alpha}(x_{\mathrm{B}}^{\alpha})\} \\ &\quad - \{(1 - x_{\mathrm{B}}^{\beta/\alpha})G_{\mathrm{A}}^{\alpha}(x_{\mathrm{B}}^{\alpha/\beta}) + x_{\mathrm{B}}^{\beta/\alpha}G_{\mathrm{B}}^{\alpha}(x_{\mathrm{B}}^{\alpha/\beta})\} \\ &= (1 - x_{\mathrm{B}}^{\beta/\alpha})\{G_{\mathrm{A}}^{\alpha}(x_{\mathrm{B}}^{\alpha}) - G_{\mathrm{A}}^{\alpha}(x_{\mathrm{B}}^{\alpha/\beta})\} + x_{\mathrm{B}}^{\beta/\alpha}\{G_{\mathrm{B}}^{\alpha}(x_{\mathrm{B}}^{\alpha}) - G_{\mathrm{B}}^{\alpha}(x_{\mathrm{B}}^{\alpha/\beta})\} \quad (9.8) \end{aligned}$$

式 (9.8) から知られるように，自発的に進行する核生成では，$\Delta G_{\mathrm{m}}^{\mathrm{n}}$ は正の値となる。一方，自発的な変化に対し，式 (4.19) の Gibbs エネルギー変化 $\mathrm{d}G$ は負の値となり，可逆仕事 ΔW^{rev} は正の値となる。このため，式 (9.7) で与えられる析出反応の駆動力 $\Delta G_{\mathrm{m}}^{\mathrm{p}}$ や式 (9.8) で与えられる核生成の駆動力 $\Delta G_{\mathrm{m}}^{\mathrm{n}}$ は，式 (4.19) の可逆仕事 ΔW^{rev} に対応することになる。

ところで，β 相の形状が半径 d の小さな球の場合には，α/β 界面の**界面エネルギー**（interface energy）ρ に起因して，β 相内部の圧力が α 母相よりも ΔP^{β} だけ高くなる。ここで，ΔP^{β} の値は，次式より求められる。

$$\Delta P^{\beta} = \frac{2\rho}{d} \tag{9.9}$$

式 (9.9) の圧力上昇 ΔP^{β} により，β 相のモル Gibbs エネルギーが $\Delta G_{\mathrm{m}}^{\beta}$ だけ大きくなる。ここで，$\Delta G_{\mathrm{m}}^{\beta}$ の値は，圧力上昇 ΔP^{β} に β 相のモル体積 V_{m}^{β} を掛け合わせることにより，次式のように算出される。

$$\Delta G_{\mathrm{m}}^{\beta} = V_{\mathrm{m}}^{\beta}\Delta P^{\beta} = V_{\mathrm{m}}^{\beta}\frac{2\rho}{d} \tag{9.10}$$

β 相のモル Gibbs エネルギーが大きくなると，α/β 二相タイラインの α 相側の組成 $x_{\mathrm{B}}^{\alpha/\beta}$ は，成分 B の濃度が高くなるように変化する。これが，**Gibbs-Thomson 効果**（Gibbs-Thomson effect）である。**図 9.5** は，Gibbs-Thomson 効果による α/β 二相タイラインの組成の変化を模式的に表している。式 (9.10) から知られるように，半径 d が小さくなると，$\Delta G_{\mathrm{m}}^{\beta}$ の値は増加する。そこで，$\Delta G_{\mathrm{m}}^{\beta}$ の値が $\Delta G_{\mathrm{m}}^{\mathrm{n}}$ に一致する半径 d を**臨界半径** d^{*} とし，式 (9.10) より d^{*} の値を求めると，次式が得られる。

$$d^{*} = 2\rho\frac{V_{\mathrm{m}}^{\beta}}{\Delta G_{\mathrm{m}}^{\mathrm{n}}} \tag{9.11}$$

図 9.5 から知られるように，$\Delta G_{\mathrm{m}}^{\beta}$ の値が $\Delta G_{\mathrm{m}}^{\mathrm{n}}$ に一致すると，β 相と平衡する α 相の組成 $x_{\mathrm{B}}^{\alpha/\beta}$ は過飽和 α 相の組成 x_{B}^{α} と一致する。また，$d < d^{*}$ では，$\Delta G_{\mathrm{m}}^{\beta} > \Delta G_{\mathrm{m}}^{\mathrm{n}}$ であり，$x_{\mathrm{B}}^{\alpha/\beta} > x_{\mathrm{B}}^{\alpha}$ となる。このため，$d < d^{*}$ の微細な β 相は，組成 x_{B}^{α} の過飽和 α 相から自発的に生成できないことになる。しかし，統計力学の知見によると，多数の微細な β 相粒子が α 母相中に分散すると，粒子分

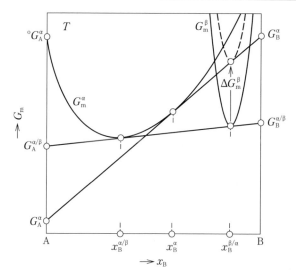

図9.5 モル Gibbs エネルギー–組成曲線と Gibbs-Thomson 効果

散に起因する配置のエントロピー S_m^d が発生する。この配置のエントロピーの発生により，合金全体のモル Gibbs エネルギー G_m は減少する。もし，S_m^d による G_m の減少量が ΔG_m^β に起因する G_m の増加量を上回れば，合金全体のモル Gibbs エネルギーが減少するので，$d < d^*$ の微細粒子が混在していても，β 相は自発的に核生成することができる。

9.3　準安定相の生成

9.1節および9.2節の駆動力に関する議論は，**準安定相**（metastable phase）の生成に対する検討に活用することができる。本節では，Fe-C 二元系をモデル合金系として選定し，準安定相の生成について検討する。ここで，Fe および C は，それぞれ鉄（iron）および炭素（carbon）の元素記号である。

図9.6は，Fe-C 二元系状態図の Fe 隅側を拡大したものである。図9.6の縦軸は摂氏温度を示し，横軸は質量百分率による C 濃度を示している。また，実線および破線は，それぞれ**安定平衡**（stable equilibrium）および**準安定平衡**

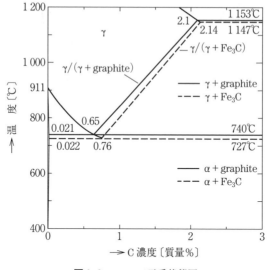

図 9.6 Fe-C 二元系状態図

(metastable equilibrium) に対する相境界線を表している。ここで，α 相は**体心立方晶**（body-centered cubic crystal）の Fe 固溶体相であり，γ 相は**面心立方晶**（face-centered cubic crystal）の Fe 固溶体相であり，graphite は黒鉛であり，Fe_3C は cementite と呼ばれる Fe-C 系化合物である。図 9.6 の実線で示す安定状態図によると，C 濃度が 0.76 質量 % の Fe-C 二元系合金を γ 単相領域の温度で組成の均一な γ 単相組織とした後，727℃ よりも低い一定温度で等温保持すると，γ 単相組織が α 相と黒鉛から成る二相組織へ相変態するものと予想される。しかし，上記の等温保持によって得られる通常の材料組織は，α 相と Fe_3C から成る二相組織である。γ → α + Fe_3C の相変態のように，一つの固相が種類の異なる二つの固相に分解する反応を**共析変態**（eutectoid transformation）という。

　図 9.7 は，γ 相，Fe_3C および黒鉛のモル Gibbs エネルギー G_m^γ，G_m^{cm} および G_m^{gr} に対するモル Gibbs エネルギー-組成曲線を模式的に表している。γ 相とは異なり，Fe_3C および黒鉛は固溶組成範囲が非常に狭いので，図 9.7 に示すように，G_m^{cm} 曲線および G_m^{gr} 曲線は谷部が鋭い形状となっている。黒鉛と平衡する γ 相の組成 $x_C^{\gamma/gr}$ は，G_m^γ 曲線および G_m^{gr} 曲線に対する共通接線の接点組成と

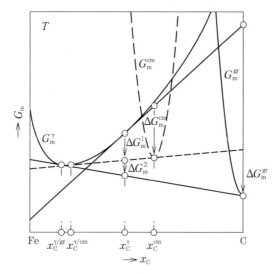

図9.7 Fe-C 二元系のモル Gibbs エネルギー–組成曲線

して，図9.7に示すように求められる。一方，G_m^{γ} 曲線および G_m^{gr} 曲線の共通接線よりも G_m^{cm} 曲線が高エネルギー側に位置するために，Fe_3C と平衡する γ 相の組成 $x_C^{\gamma/cm}$ は $x_C^{\gamma/gr}$ よりも大きくなる。すなわち，図9.6の Fe-C 二元系状態図において，Fe_3C と平衡する各相の相境界線（破線）は，黒鉛との平衡に対する相境界線（実線）よりもつねに C 濃度の高い側に位置することになる。

いま，図9.7において，$x_C^{\gamma/gr}$ や $x_C^{\gamma/cm}$ よりも C 濃度の高い組成 x_C^{γ} の過飽和な γ 相を考える。この過飽和な γ 相から第二相が核生成する際の駆動力は，図9.7に示すように，Fe_3C が析出する場合には ΔG_m^{cm} となり，黒鉛が析出する場合には ΔG_m^{gr} となる。図9.7の幾何学的な関係によると，$\Delta G_m^{gr} > \Delta G_m^{cm}$ となるので，Fe_3C よりも黒鉛が核生成しやすいことになる。すなわち，準安定相の Fe_3C よりも安定相の黒鉛が核生成しやすいという直感的な相安定性に合致する結論が得られる。しかし，実験的に観察されるのは，黒鉛ではなく Fe_3C の析出反応である。直感的な相安定性と矛盾するこのような現象が起こるのは，以下のような理由に起因している。

ところで，Fe-C 二元系の γ 相は，Fe 原子によって構成される面心立方晶の

侵入型位置（interstitial site）に C 原子が分布した固溶体である。また，C 原子の質量や大きさは，Fe 原子よりも小さい。このため，γ 相中において，C 原子は Fe 原子よりも高速に拡散することができる。ちなみに，γ 相中の C および Fe の拡散係数 D_C^γ および D_{Fe}^γ は，$T = 1\,000 \sim 1\,426$ K の温度域において $D_C^\gamma = 3.8 \times 10^{-13} \sim 9.9 \times 10^{-11}$ m^2/s および $D_{Fe}^\gamma = 5.6 \times 10^{-20} \sim 2.0 \times 10^{-15}$ m^2/s となっている。すなわち，同一温度における Fe の拡散係数は C よりも 4〜7 桁程度小さいことになる。上述のように，γ 相は Fe 原子によって構成される面心立方晶の侵入型位置に C 原子が分布した固溶体である。このため，過飽和な γ 相から Fe$_3$C が析出する際には，Fe$_3$C の組成を満たす数の C 原子が高速拡散によって輸送され，Fe$_3$C の結晶構造を形成するように Fe 原子が**短距離拡散**すればよい。これに対し，過飽和な γ 相から黒鉛が核生成し成長するためには，黒鉛粒の内部から γ 相へ向かう**長距離拡散**によって Fe 原子が排斥されなければならない。このため，仮に Fe$_3$C と黒鉛が同時に核生成しても，Fe$_3$C の成長が黒鉛よりも圧倒的に速いため，(γ + Fe$_3$C) 二相組織が合金全体を覆うことになる。

図 9.7 に示すように，組成 x_C^γ の過飽和な γ 相から Fe$_3$C が可逆過程によって生成し，γ 相の組成が最終的に $x_C^{\gamma/cm}$ になると，合金全体のモル Gibbs エネルギーは ΔG_m^1 だけ減少する。ΔG_m^1 は，次式のように求められる。

$$\Delta G_m^1 = G_m^\gamma(x_C^\gamma) - \{(1 - x_C^\gamma)G_{Fe}^\gamma(x_C^{\gamma/cm}) + x_C^\gamma G_C^\gamma(x_C^{\gamma/cm})\}$$
$$= \{(1 - x_C^\gamma)G_{Fe}^\gamma(x_C^\gamma) + x_C^\gamma G_C^\gamma(x_C^\gamma)\}$$
$$- \{(1 - x_C^\gamma)G_{Fe}^\gamma(x_C^{\gamma/cm}) + x_C^\gamma G_C^\gamma(x_C^{\gamma/cm})\}$$
$$= (1 - x_C^\gamma)\{G_{Fe}^\gamma(x_C^\gamma) - G_{Fe}^\gamma(x_C^{\gamma/cm})\} + x_C^\gamma\{G_C^\gamma(x_C^\gamma) - G_C^\gamma(x_C^{\gamma/cm})\} \quad (9.12)$$

上記の (γ + Fe$_3$C) 二相組織が可逆過程によって最終安定組織の (γ + 黒鉛) 二相組織に相変態すると，合金全体のモル Gibbs エネルギーはさらに ΔG_m^2 だけ減少する。ΔG_m^2 は，以下のように求められる。

$$\Delta G_m^2 = \{(1 - x_C^\gamma)G_{Fe}^\gamma(x_C^{\gamma/cm}) + x_C^\gamma G_C^\gamma(x_C^{\gamma/cm})\}$$
$$- \{(1 - x_C^\gamma)G_{Fe}^\gamma(x_C^{\gamma/gr}) + x_C^\gamma G_C^\gamma(x_C^{\gamma/gr})\}$$
$$= (1 - x_C^\gamma)\{G_{Fe}^\gamma(x_C^{\gamma/cm}) - G_{Fe}^\gamma(x_C^{\gamma/gr})\} + x_C^\gamma\{G_C^\gamma(x_C^{\gamma/cm}) - G_C^\gamma(x_C^{\gamma/gr})\}$$
$$(9.13)$$

$(\gamma + Fe_3C)$ 二相組織の形成により析出の駆動力 ΔG_m^p の大部分が ΔG_m^1 として消費され，残りの ΔG_m^2 がわずかであれば，$\gamma + Fe_3C \rightarrow \gamma + 黒鉛$ への相変態は容易には進行しない。このため，準安定な $(\gamma + Fe_3C)$ 二相組織が，事実上の安定組織として，長期間にわたり存在することになる。

10

電気的エネルギー

10.1 電気モーメントに対する基本関係式

r 元系の単相の物体の内部エネルギー E に対する可逆過程における第一法則と第二法則の結合形は，式 (1.22) に従い，次式のように記述される。

$$dE = TdS - PdV + \sum_{i=1}^{r} \mu_i dn_i \qquad (10.1)$$

式 (1.23) に示したように，たがいに共役な示量変数および示強変数をそれぞれ X_j および I_j で表すと，式 (10.1) は以下のような対称性のよい一般式で表すことができる。

$$dE = \sum_{j=1}^{r+2} I_j dX_j \qquad (10.2)$$

式 (1.24) によると，式 (10.1) および式 (10.2) の右辺に現れる各変数は，以下のように対応している。

$$\left.\begin{array}{ccccccc}
X_1 & = & S, & \quad & I_1 & = & T \\
X_2 & = & V, & \quad & I_2 & = & -P \\
X_3 & = & n_1, & \quad & I_3 & = & \mu_1 \\
X_4 & = & n_2, & \quad & I_4 & = & \mu_2 \\
X_5 & = & n_3, & \quad & I_5 & = & \mu_3 \\
\vdots & \vdots & \vdots & \quad & \vdots & \vdots & \vdots \\
X_{r+1} & = & n_{r-1}, & \quad & I_{r+1} & = & \mu_{r-1} \\
X_{r+2} & = & n_r, & \quad & I_{r+2} & = & \mu_r
\end{array}\right\} \qquad (10.3)$$

式 (10.2) から知られるように，たがいに共役な示量変数 X_j と示強変数 I_j を掛け合わせた物理量の次元は，内部エネルギー E の次元と一致する。

ところで，均一な一次元の**電場**（electric field）Φ の作用する外界において平衡状態に達した上記の物体に，電場 Φ と同じ方向に**電気モーメント**（electric moment）Θ が生じたとする。ここで，電気モーメント Θ は示量変数であり，電場 Φ は電気モーメント Θ と共役な示強変数である。また，Θ と Φ はスカラー量である。1.4 節の手法に倣い，このような電気的なエネルギーの寄与を式 (10.1) に反映させると，以下の関係が得られる。

$$dE = TdS - PdV + \Phi d\Theta + \sum_{i=1}^{r} \mu_i dn_i \tag{10.4}$$

式 (10.4) によると，**電気的エネルギー**が寄与する内部エネルギー E の基本関係式は，次式のように記述される。

$$E = E(S, V, \Theta, n_1, n_2, n_3, ..., n_r) \tag{10.5}$$

ここで，内部エネルギー E の値は，物体が存在しない電場 Φ の作用する外界を基準状態としている。式 (10.4) および式 (10.5) から知られるように，基本関係式 E の固有な独立変数は，示量変数であるエントロピー S，体積 V，電気モーメント Θ および成分 i のモル数 n_i である。式 (10.5) の内部エネルギー E に対する全微分 dE を求めると，次式が得られる。

$$dE = \left(\frac{\partial E}{\partial S}\right)_{V, \Theta, n_i} dS + \left(\frac{\partial E}{\partial V}\right)_{S, \Theta, n_i} dV + \left(\frac{\partial E}{\partial \Theta}\right)_{S, V, n_i} d\Theta$$
$$+ \sum_{i=1}^{r} \left(\frac{\partial E}{\partial n_i}\right)_{S, V, \Theta, n_{j\neq i}} dn_i \tag{10.6}$$

式 (10.4) および式 (10.6) の対応する項を比較すると，以下の状態方程式が導出される。

$$T \equiv \left(\frac{\partial E}{\partial S}\right)_{V, \Theta, n_i} \tag{10.7a}$$

$$P \equiv -\left(\frac{\partial E}{\partial V}\right)_{S, \Theta, n_i} \tag{10.7b}$$

$$\Phi \equiv \left(\frac{\partial E}{\partial \Theta}\right)_{S, V, n_i} \tag{10.7c}$$

$$\mu_i \equiv \left(\frac{\partial E}{\partial n_i} \right)_{S, V, \Theta, n_{j(j \neq i)}} \tag{10.7d}$$

式 (10.7c) は，電気モーメント Θ による内部エネルギー E の偏微分によって電場 Φ が定義されることを示している。2 章の検討結果から知られるように，平衡状態では，示強変数である温度 T，圧力 P，電場 Φ および成分 i の化学ポテンシャル μ_i が物体全体にわたって等しくなる。そのような場合には，式 (2.30) に示したように，式 (10.4) を以下のように積分することができる。

$$E = \int \mathrm{d}E = T\int \mathrm{d}S - P\int \mathrm{d}V + \Phi\int \mathrm{d}\Theta + \sum_{i=1}^{r} \mu_i \int \mathrm{d}n_i$$

$$= TS - PV + \Phi\Theta + \sum_{i=1}^{r} \mu_i n_i \tag{10.8}$$

式 (10.8) は，電気的エネルギーが関与する平衡状態における内部エネルギー E に対する Euler の一次形式である。式 (10.8) の最左辺と最右辺を微分すると，次式が得られる。

$$\mathrm{d}E = T\mathrm{d}S + S\mathrm{d}T - P\mathrm{d}V - V\mathrm{d}P + \Phi\mathrm{d}\Theta + \Theta\mathrm{d}\Phi$$

$$+ \sum_{i=1}^{r} \mu_i \mathrm{d}n_i + \sum_{i=1}^{r} n_i \mathrm{d}\mu_i \tag{10.9}$$

式 (10.8) の Euler の一次形式から導出される式 (10.9) は，平衡状態において，式 (10.4) の可逆過程に対する第一法則と第二法則の結合形と等しくなければならない。このため，以下の関係が成り立つ。

$$S\mathrm{d}T - V\mathrm{d}P + \Theta\mathrm{d}\Phi + \sum_{i=1}^{r} n_i \mathrm{d}\mu_i = 0 \tag{10.10}$$

式 (10.10) は，電気的エネルギーが関与する平衡状態に対する Gibbs-Duhem の関係式である。すなわち，r 元系の単相の物体では，$(r + 3)$ 個の示強変数のうち，$(r + 2)$ 個は独立変数であるが，残り 1 個の示強変数は従属変数となる。

式 (3.22) のルジャンドル変換を式 (10.5) の内部エネルギー $E(S, V, \Theta, n_1, ..., n_r)$ に適用し，温度 T の定義を表す式 (10.7a) を用いると，次式のように，電気的エネルギーの寄与する Helmholtz エネルギー F を求めることができる。

$$
\begin{aligned}
F(T, V, \Theta, n_1, ..., n_r) &\equiv E(S, V, \Theta, n_1, ..., n_r) \\
&\quad - \left\{ \frac{\partial E(S, V, \Theta, n_1, ..., n_r)}{\partial S} \right\}_{V, \Theta, n_i} S \\
&= E - TS
\end{aligned}
\tag{10.11}
$$

式 (10.11) のルジャンドル変換によって定義される Helmholtz エネルギー F は,固有な独立変数が温度 T,体積 V,電気モーメント Θ および成分 i のモル数 n_i となっている。また,式 (3.23) および式 (10.4) によると,電気的エネルギーの寄与する Helmholtz エネルギー F に対する可逆過程における第一法則と第二法則の結合形は,次式のように記述される。

$$
\mathrm{d}F = -S\mathrm{d}T - P\mathrm{d}V + \Phi\mathrm{d}\Theta + \sum_{i=1}^{r} \mu_i \mathrm{d}n_i
\tag{10.12}
$$

式 (10.12) によると,式 (10.11) の基本関係式 $F(T, V, \Theta, n_1, ..., n_r)$ に対する状態方程式は,以下のように導出される。

$$
S \equiv -\left(\frac{\partial F}{\partial T} \right)_{V, \Theta, n_i}
\tag{10.13a}
$$

$$
P \equiv -\left(\frac{\partial F}{\partial V} \right)_{T, \Theta, n_i}
\tag{10.13b}
$$

$$
\Phi \equiv \left(\frac{\partial F}{\partial \Theta} \right)_{T, V, n_i}
\tag{10.13c}
$$

$$
\mu_i \equiv \left(\frac{\partial F}{\partial n_i} \right)_{T, V, \Theta, n_{j \neq i}}
\tag{10.13d}
$$

式 (10.13c) に示すように,電場 Φ は,電気モーメント Θ による Helmholtz エネルギー F の偏微分によって定義される。式 (10.11) の最右辺に式 (10.8) を代入すると,次式が得られる。

$$
\begin{aligned}
F = E - TS &= \left(TS - PV + \Phi\Theta + \sum_{i=1}^{r} \mu_i n_i \right) - TS \\
&= -PV + \Phi\Theta + \sum_{i=1}^{r} \mu_i n_i
\end{aligned}
\tag{10.14}
$$

式 (10.14) は,電気的エネルギーが関与する平衡状態における Helmholtz エネルギー F に対する Euler の一次形式である。

一方，式 (10.5) の内部エネルギー $E(S, V, \Theta, n_1, ..., n_r)$ に対し，式 (3.33) のルジャンドル変換を適用し，圧力 P の定義を表す式 (10.7b) を用いると，電気的エネルギーの寄与するエンタルピー H を次式のように求めることができる。

$$H(S, P, \Theta, n_1, ..., n_r) \equiv E(S, V, \Theta, n_1, ..., n_r)$$

$$-\left\{ \frac{\partial E(S, V, \Theta, n_1, ..., n_r)}{\partial V} \right\}_{S, \Theta, n_i} V$$

$$= E - (-P)V = E + PV \tag{10.15}$$

式 (10.15) のルジャンドル変換によって定義されるエンタルピー H は，固有な独立変数がエントロピー S，圧力 P，電気モーメント Θ および成分 i のモル数 n_i となっている。また，式 (3.34) および式 (10.4) を用いると，電気的エネルギーの寄与するエンタルピー H に対する可逆過程における第一法則と第二法則の結合形は，次式のように表される。

$$\mathrm{d}H = T\mathrm{d}S + V\mathrm{d}P + \Phi\mathrm{d}\Theta + \sum_{i=1}^{r} \mu_i \mathrm{d}n_i \tag{10.16}$$

式 (10.16) によると，式 (10.15) の基本関係式 $H(S, P, \Theta, n_1, ..., n_r)$ に対する状態方程式は，以下のように導出される。

$$T \equiv \left(\frac{\partial H}{\partial S} \right)_{P, \Theta, n_i} \tag{10.17a}$$

$$V \equiv \left(\frac{\partial H}{\partial P} \right)_{S, \Theta, n_i} \tag{10.17b}$$

$$\Phi \equiv \left(\frac{\partial H}{\partial \Theta} \right)_{S, P, n_i} \tag{10.17c}$$

$$\mu_i \equiv \left(\frac{\partial H}{\partial n_i} \right)_{S, P, \Theta, n_{j\neq i}} \tag{10.17d}$$

式 (10.17c) から知られるように，電場 Φ は，電気モーメント Θ によるエンタルピー H の偏微分によって定義される。式 (10.15) の最右辺に式 (10.8) を代入すると，次式が得られる。

$$H = E + PV = \left(TS - PV + \Phi\Theta + \sum_{i=1}^{r} \mu_i n_i \right) + PV$$

$$= TS + \Phi\Theta + \sum_{i=1}^{r} \mu_i n_i \tag{10.18}$$

式 (10.18) は，電気的エネルギーが関与する平衡状態におけるエンタルピー H に対する Euler の一次形式である。

これに対し，式 (3.44) のルジャンドル変換を式 (10.5) の内部エネルギー $E(S, V, \Theta, n_1, ..., n_r)$ に適用し，温度 T および圧力 P の定義を表す式 (10.7a) および式 (10.7b) を用いると，次式のように，電気的エネルギーの寄与する Gibbs エネルギー G を求めることができる。

$$G(T, P, \Theta, n_1, ..., n_r) \equiv E(S, V, \Theta, n_1, ..., n_r)$$
$$- \left\{ \frac{\partial E(S, V, \Theta, n_1, ..., n_r)}{\partial S} \right\}_{V, \Theta, n_i} S$$
$$- \left\{ \frac{\partial E(S, V, \Theta, n_1, ..., n_r)}{\partial V} \right\}_{S, \Theta, n_i} V$$
$$= E - TS - (-P)V = E - TS + PV \tag{10.19}$$

式 (10.19) のルジャンドル変換によって定義される Gibbs エネルギー G は，固有な独立変数が温度 T，圧力 P，電気モーメント Θ および成分 i のモル数 n_i となっている。また，式 (3.45) および式 (10.4) を適用すると，電気的エネルギーの寄与する Gibbs エネルギー G に対する可逆過程における第一法則と第二法則の結合形は，次式のように記述される。

$$dG = -SdT + VdP + \Phi d\Theta + \sum_{i=1}^{r} \mu_i dn_i \tag{10.20}$$

式 (10.20) によると，式 (10.19) の基本関係式 $G(T, P, \Theta, n_1, ..., n_r)$ に対する状態方程式は，以下のように導出される。

$$S \equiv -\left(\frac{\partial G}{\partial T}\right)_{P, \Theta, n_i} \tag{10.21a}$$

$$V \equiv \left(\frac{\partial G}{\partial P}\right)_{T, \Theta, n_i} \tag{10.21b}$$

$$\Phi \equiv \left(\frac{\partial G}{\partial \Theta}\right)_{T, P, n_i} \tag{10.21c}$$

$$\mu_i \equiv \left(\frac{\partial G}{\partial n_i} \right)_{T, P, \Theta, n_{k(\neq i)}} \tag{10.21d}$$

式 (10.21c) に記すように，電場 Φ は，電気モーメント Θ による Gibbs エネルギー G の偏微分によって定義される。式 (10.19) の最右辺に式 (10.8) を代入すると，次式が得られる。

$$G = E - TS + PV = \left(TS - PV + \Phi\Theta + \sum_{i=1}^{r} \mu_i n_i \right) - TS + PV$$

$$= \Phi\Theta + \sum_{i=1}^{r} \mu_i n_i \tag{10.22}$$

式 (10.22) は，電気的エネルギーが関与する平衡状態における Gibbs エネルギー G に対する Euler の一次形式である。式 (10.8)，(10.14)，(10.18) および (10.22) に示す Euler の一次形式では，$\Phi\Theta$ 項が電気的エネルギーの寄与を表している。

【演　習】

本節の手法を用いると，電気的エネルギーの寄与するグランドポテンシャル Ω やゼロポテンシャル O に対する種々の熱力学関係式を導出することができる。これらの関係式を導出せよ。

10.2　電場に対する基本関係式

10.1 節で述べたように，電気モーメント Θ および電場 Φ は，それぞれたがいに共役な示量変数および示強変数である。そこで，電気的エネルギーの寄与する内部エネルギー $E(S, V, \Theta, n_1, ..., n_r)$ に対し，示量変数の全独立変数のうち，Θ を Φ に置き換える以下のようなルジャンドル変換を考える。

$$\begin{aligned} {}^{E}\!\Lambda(S, V, \Phi, n_1, ..., n_r) &\equiv E(S, V, \Theta, n_1, ..., n_r) \\ &\quad - \left\{ \frac{\partial E(S, V, \Theta, n_1, ..., n_r)}{\partial \Theta} \right\}_{S, V, n_i} \Theta \\ &= E - \Phi\Theta \end{aligned} \tag{10.23}$$

式 (10.23) では，電場 Φ の定義を表す式 (10.7c) を用いている。式 (10.23) のル

ジャンドル変換によって定義される新しい基本関係式 $^E\!\Lambda$ は，未だ系統的な名称の確立には至っていない。そこで，ここでは，基本関係式 $^E\!\Lambda(S, V, \Phi, n_1, ..., n_r)$ を便宜的に**電気的ポテンシャル**と呼ぶことにする。なお，$^E\!\Lambda$ の左上付添字の E は，電気的ポテンシャル $^E\!\Lambda$ が内部エネルギー E のルジャンドル変換によって定義される基本関係式であることを表している。式 (10.23) から知られるように，電気的ポテンシャル $^E\!\Lambda$ の固有な独立変数は，エントロピー S，体積 V，電場 Φ および成分 i のモル数 n_i である。また，可逆過程における電気的ポテンシャル $^E\!\Lambda$ に対する第一法則と第二法則の結合形は，次式のように表現される。

$$\mathrm{d}^E\!\Lambda = T\mathrm{d}S - P\mathrm{d}V - \Theta\mathrm{d}\Phi + \sum_{i=1}^{r} \mu_i \mathrm{d}n_i \tag{10.24}$$

式 (10.24) によると，式 (10.23) の基本関係式 $^E\!\Lambda(S, V, \Phi, n_1, ..., n_r)$ に対する状態方程式は，以下のように求められる。

$$T \equiv \left(\frac{\partial^E\!\Lambda}{\partial S}\right)_{V, \Phi, n_i} \tag{10.25a}$$

$$P \equiv -\left(\frac{\partial^E\!\Lambda}{\partial V}\right)_{S, \Phi, n_i} \tag{10.25b}$$

$$\Theta \equiv -\left(\frac{\partial^E\!\Lambda}{\partial \Phi}\right)_{S, V, n_i} \tag{10.25c}$$

$$\mu_i \equiv \left(\frac{\partial^E\!\Lambda}{\partial n_i}\right)_{S, V, \Phi, n_{j(j\neq i)}} \tag{10.25d}$$

式 (10.25c) から知られるように，電気モーメント Θ は，電場 Φ による電気的ポテンシャル $^E\!\Lambda$ の偏微分によって定義される。式 (10.23) の最右辺に式 (10.8) を代入すると，次式が得られる。

$$^E\!\Lambda = E - \Phi\Theta = \left(TS - PV + \Phi\Theta + \sum_{i=1}^{r} \mu_i n_i\right) - \Phi\Theta$$

$$= TS - PV + \sum_{i=1}^{r} \mu_i n_i \tag{10.26}$$

式 (10.26) は，平衡状態における電気的ポテンシャル $^E\!\Lambda$ に対する Euler の一次形式であるが，電気的エネルギーの寄与しない内部エネルギー E に対する

式 (2.30) と同じ形式になっている。

一方，式 (10.11) で定義される Helmholtz エネルギー $F(T, V, \Theta, n_1, ..., n_r)$ の独立変数のうち，Θ を Φ に置き換える以下のルジャンドル変換を考える。

$$
\begin{aligned}
{}^{F}\!\Lambda(T, V, \Phi, n_1, ..., n_r) &\equiv F(T, V, \Theta, n_1, ..., n_r) \\
&\quad - \left\{ \frac{\partial F(T, V, \Theta, n_1, ..., n_r)}{\partial \Theta} \right\}_{T, V, n_i} \Theta \\
&= F - \Phi\Theta
\end{aligned}
\tag{10.27}
$$

式 (10.27) では，電場 Φ の定義を表す式 (10.13c) を用いている。式 (10.27) のルジャンドル変換によって定義される基本関係式 ${}^{F}\!\Lambda$ を**電気的 Helmholtz ポテンシャル**と呼ぶことにする。なお，${}^{F}\!\Lambda$ の左上付添字の F は，電気的 Helmholtz ポテンシャル ${}^{F}\!\Lambda$ が Helmholtz エネルギー F のルジャンドル変換によって定義される基本関係式であることを表している。式 (10.27) から知られるように，電気的 Helmholtz ポテンシャル ${}^{F}\!\Lambda$ の固有な独立変数は，温度 T，体積 V，電場 Φ および成分 i のモル数 n_i である。また，可逆過程における電気的 Helmholtz ポテンシャル ${}^{F}\!\Lambda$ に対する第一法則と第二法則の結合形は，次式のように記述される。

$$
\mathrm{d}{}^{F}\!\Lambda = -S\mathrm{d}T - P\mathrm{d}V - \Theta\mathrm{d}\Phi + \sum_{i=1}^{r} \mu_i \mathrm{d}n_i
\tag{10.28}
$$

式 (10.28) によると，式 (10.27) の基本関係式 ${}^{F}\!\Lambda(T, V, \Phi, n_1, ..., n_r)$ に対する状態方程式は，以下のように求められる。

$$
S \equiv -\left(\frac{\partial {}^{F}\!\Lambda}{\partial T} \right)_{V, \Phi, n_i}
\tag{10.29a}
$$

$$
P \equiv -\left(\frac{\partial {}^{F}\!\Lambda}{\partial V} \right)_{T, \Phi, n_i}
\tag{10.29b}
$$

$$
\Theta \equiv -\left(\frac{\partial {}^{F}\!\Lambda}{\partial \Phi} \right)_{T, V, n_i}
\tag{10.29c}
$$

$$
\mu_i \equiv \left(\frac{\partial {}^{F}\!\Lambda}{\partial n_i} \right)_{T, V, \Phi, n_{j \neq i}}
\tag{10.29d}
$$

式 (10.29c) に記すように，電気モーメント Θ は，電場 Φ による電気的 Helmholtz ポテンシャル ${}^{F}\!\Lambda$ の偏微分によって定義される。式 (10.27) の最右辺に式 (10.14)

を代入すると，次式が得られる。

$$^F\!\varLambda = F - \varPhi\varTheta = \left(-PV + \varPhi\varTheta + \sum_{i=1}^{r} \mu_i n_i \right) - \varPhi\varTheta = -PV + \sum_{i=1}^{r} \mu_i n_i$$

$$(10.30)$$

式 (10.30) は，平衡状態における電気的 Helmholtz ポテンシャル $^F\!\varLambda$ に対する Euler の一次形式であるが，電気的エネルギーの寄与しない Helmholtz エネルギー F に対する式 (3.29) と同じ形式になっている。

また，式 (10.15) で定義されるエンタルピー $H(S, P, \varTheta, n_1, ..., n_r)$ の独立変数のうち，$\varTheta$ を $\varPhi$ に置き換える以下のルジャンドル変換を考える。

$$^H\!\varLambda(S, P, \varPhi, n_1, ..., n_r) \equiv H(S, P, \varTheta, n_1, ..., n_r)$$
$$-\left\{ \frac{\partial H(S, P, \varTheta, n_1, ..., n_r)}{\partial \varTheta} \right\}_{S, P, n_i} \varTheta$$
$$= H - \varPhi\varTheta \qquad (10.31)$$

式 (10.31) では，電場 $\varPhi$ の定義を表す式 (10.17c) を用いている。式 (10.31) のルジャンドル変換によって定義される基本関係式 $^H\!\varLambda$ を **電気的熱ポテンシャル** と呼ぶことにする。なお，$^H\!\varLambda$ の左上付添字の H は，電気的熱ポテンシャル $^H\!\varLambda$ がエンタルピー H のルジャンドル変換によって定義される基本関係式であることを表している。式 (10.31) から知られるように，電気的熱ポテンシャル $^H\!\varLambda$ の固有な独立変数は，エントロピー S，圧力 P，電場 $\varPhi$ および成分 i のモル数 n_i である。また，可逆過程における電気的熱ポテンシャル $^H\!\varLambda$ に対する第一法則と第二法則の結合形は，次式のように記述される。

$$\mathrm{d}^H\!\varLambda = T\mathrm{d}S + V\mathrm{d}P - \varTheta\mathrm{d}\varPhi + \sum_{i=1}^{r} \mu_i \mathrm{d}n_i \qquad (10.32)$$

式 (10.32) によると，式 (10.31) の基本関係式 $^H\!\varLambda(S, P, \varPhi, n_1, ..., n_r)$ に対する状態方程式は，以下のように導出される。

$$T \equiv \left(\frac{\partial^H\!\varLambda}{\partial S} \right)_{P, \varPhi, n_i} \qquad (10.33a)$$

$$V \equiv \left(\frac{\partial^H\!\varLambda}{\partial P} \right)_{S, \varPhi, n_i} \qquad (10.33b)$$

$$\Theta \equiv -\left(\frac{\partial\,^{H}\!\varLambda}{\partial\varPhi}\right)_{S,P,n_i} \tag{10.33c}$$

$$\mu_i \equiv \left(\frac{\partial\,^{H}\!\varLambda}{\partial n_i}\right)_{S,P,\varPhi,n_{j\neq i}} \tag{10.33d}$$

式 (10.33c) に示すように，電気モーメント Θ は，電場 $\varPhi$ による電気的熱ポテンシャル $^{H}\!\varLambda$ の偏微分によって定義される。式 (10.31) の最右辺に式 (10.18) を代入すると，次式が得られる。

$$^{H}\!\varLambda = H - \varPhi\Theta = \left(TS + \varPhi\Theta + \sum_{i=1}^{r}\mu_i n_i\right) - \varPhi\Theta = TS + \sum_{i=1}^{r}\mu_i n_i \tag{10.34}$$

式 (10.34) は，平衡状態における電気的熱ポテンシャル $^{H}\!\varLambda$ に対する Euler の一次形式であるが，電気的エネルギーの寄与しないエンタルピー H に対する式 (3.40) と同じ形式になっている。

　これに対し，式 (10.19) で定義される Gibbs エネルギー $G(T, P, \Theta, n_1, ..., n_r)$ の独立変数のうち，Θ を $\varPhi$ に置き換える以下のルジャンドル変換を考える。

$$^{G}\!\varLambda(T, P, \varPhi, n_1, ..., n_r) \equiv G(T, P, \Theta, n_1, ..., n_r)$$
$$- \left\{\frac{\partial G(T, P, \Theta, n_1, ..., n_r)}{\partial\Theta}\right\}_{T,P,n_i}\Theta$$
$$= G - \varPhi\Theta \tag{10.35}$$

式 (10.35) では，電場 $\varPhi$ の定義を表す式 (10.21c) を用いている。式 (10.35) のルジャンドル変換によって定義される基本関係式 $^{G}\!\varLambda$ を**電気的 Gibbs ポテンシャル**と呼ぶことにする。なお，$^{G}\!\varLambda$ の左上付添字の G は，電気的 Gibbs ポテンシャル $^{G}\!\varLambda$ が Gibbs エネルギー G のルジャンドル変換によって定義される基本関係式であることを表している。式 (10.35) から知られるように，電気的 Gibbs ポテンシャル $^{G}\!\varLambda$ の固有な独立変数は，温度 T，圧力 P，電場 $\varPhi$ および成分 i のモル数 n_i である。また，可逆過程における電気的 Gibbs ポテンシャル $^{G}\!\varLambda$ に対する第一法則と第二法則の結合形は，次式のように記述される。

$$\mathrm{d}\,^{G}\!\varLambda = -S\mathrm{d}T + V\mathrm{d}P - \Theta\mathrm{d}\varPhi + \sum_{i=1}^{r}\mu_i \mathrm{d}n_i \tag{10.36}$$

式 (10.36) によると，式 (10.35) の基本関係式 $^{G}\!\varLambda(T, P, \varPhi, n_1, ..., n_r)$ に対す

る状態方程式は，以下のように導出される。

$$S \equiv -\left(\frac{\partial {}^{G}\!\varLambda}{\partial T}\right)_{P,\,\varPhi,\,n_i} \tag{10.37a}$$

$$V \equiv \left(\frac{\partial {}^{G}\!\varLambda}{\partial P}\right)_{T,\,\varPhi,\,n_i} \tag{10.37b}$$

$$\varTheta \equiv -\left(\frac{\partial {}^{G}\!\varLambda}{\partial \varPhi}\right)_{T,\,P,\,n_i} \tag{10.37c}$$

$$\mu_i \equiv \left(\frac{\partial {}^{G}\!\varLambda}{\partial n_i}\right)_{T,\,P,\,\varPhi,\,n_{j\neq i}} \tag{10.37d}$$

式 (10.37c) から知られるように，電気モーメント $\varTheta$ は，電場 $\varPhi$ による電気的 Gibbs ポテンシャル ${}^{G}\!\varLambda$ の偏微分によって定義される。式 (10.35) の最右辺に式 (10.22) を代入すると，次式が得られる。

$${}^{G}\!\varLambda = G - \varPhi\varTheta = \left(\varPhi\varTheta + \sum_{i=1}^{r} \mu_i n_i\right) - \varPhi\varTheta = \sum_{i=1}^{r} \mu_i n_i \tag{10.38}$$

式 (10.38) は，平衡状態における電気的 Gibbs ポテンシャル ${}^{G}\!\varLambda$ に対する Euler の一次形式であるが，電気的エネルギーの寄与しない Gibbs エネルギー G に対する式 (3.51) と同じ形式になっている。

　ところで，大気圧下で行う通常の実験では，エントロピー S や体積 V などの示量変数よりも，温度 T や圧力 P などの示強変数を制御するほうがはるかに容易である。このため，3.4 節で述べたように，電気的エネルギーの関与しない平衡状態では，Gibbs エネルギー $G(T, P, n_1, ..., n_r)$ が実験科学との整合性の高い基本関係式であるといえる。一方，電気的エネルギーの関与する平衡状態では，示量変数である電気モーメント $\varTheta$ よりも示強変数である電場 $\varPhi$ を制御するほうが，実験的に容易である。このような平衡状態では，Gibbs エネルギー $G(T, P, \varTheta, n_1, ..., n_r)$ よりも電気的 Gibbs ポテンシャル ${}^{G}\!\varLambda(T, P, \varPhi, n_1, ..., n_r)$ のほうが，実験科学との整合性の高い基本関係式となる。

【演　習】

　電気的エネルギーの寄与するグランドポテンシャル $\varOmega$ やゼロポテンシャル O に対し，本節のルジャンドル変換を適用すると，**電気的グランドポテンシャル**

$^{Q}\!\Lambda$ や**電気的ゼロポテンシャル** $^{Q}\!\Lambda$ を定義することができる。また，$^{Q}\!\Lambda$ や $^{Q}\!\Lambda$ に対する種々の熱力学関係式を導出することもできる。これらの関係式を導出せよ。

10.3　マクスウェルの関係式

　電気的エネルギーが寄与する閉鎖系の一元系・単相の物体に対し，可逆過程における内部エネルギー表示の第一法則と第二法則の結合形は，式 (10.4) に従い，以下のように記述される。

$$dE = TdS - PdV + \Phi d\Theta \tag{10.39}$$

式 (10.39) の右辺の三つの項から任意の二つを選び，5.1 節の手法を用い，対応する混合偏微分がたがいに等しいとおくと，以下のようなマクスウェルの関係式が得られる。

$$\left(\frac{\partial T}{\partial V}\right)_{S,\Theta} = -\left(\frac{\partial P}{\partial S}\right)_{V,\Theta} \tag{10.40a}$$

$$\left(\frac{\partial P}{\partial \Theta}\right)_{S,V} = -\left(\frac{\partial \Phi}{\partial V}\right)_{S,\Theta} \tag{10.40b}$$

$$\left(\frac{\partial \Phi}{\partial S}\right)_{V,\Theta} = \left(\frac{\partial T}{\partial \Theta}\right)_{S,V} \tag{10.40c}$$

　式 (10.12) によると，上記の物体に対する可逆過程における Helmholtz エネルギー表示の第一法則と第二法則の結合形は，次式のように表現される。

$$dF = -SdT - PdV + \Phi d\Theta \tag{10.41}$$

式 (10.41) に対するマクスウェルの関係式は，以下のように求められる。

$$\left(\frac{\partial S}{\partial V}\right)_{T,\Theta} = \left(\frac{\partial P}{\partial T}\right)_{V,\Theta} \tag{10.42a}$$

$$\left(\frac{\partial P}{\partial \Theta}\right)_{T,V} = -\left(\frac{\partial \Phi}{\partial V}\right)_{T,\Theta} \tag{10.42b}$$

$$\left(\frac{\partial \Phi}{\partial T}\right)_{V,\Theta} = -\left(\frac{\partial S}{\partial \Theta}\right)_{T,V} \tag{10.42c}$$

　また，式 (10.16) によると，上記の物体に対する可逆過程におけるエンタルピー表示の第一法則と第二法則の結合形は，次式のように表される。

$$\mathrm{d}H = T\mathrm{d}S + V\mathrm{d}P + \varPhi\mathrm{d}\varTheta \tag{10.43}$$

式 (10.43) に対するマクスウェルの関係式は，以下のように導出される。

$$\left(\frac{\partial T}{\partial P}\right)_{S,\varTheta} = \left(\frac{\partial V}{\partial S}\right)_{P,\varTheta} \tag{10.44a}$$

$$\left(\frac{\partial V}{\partial \varTheta}\right)_{S,P} = \left(\frac{\partial \varPhi}{\partial P}\right)_{S,\varTheta} \tag{10.44b}$$

$$\left(\frac{\partial \varPhi}{\partial S}\right)_{P,\varTheta} = \left(\frac{\partial T}{\partial \varTheta}\right)_{S,P} \tag{10.44c}$$

一方，式 (10.20) によると，上記の物体に対する可逆過程における Gibbs エネルギー表示の第一法則と第二法則の結合形は，次式のように記述される。

$$\mathrm{d}G = -S\mathrm{d}T + V\mathrm{d}P + \varPhi\mathrm{d}\varTheta \tag{10.45}$$

式 (10.45) に対するマクスウェルの関係式を求めると，以下のようになる。

$$\left(\frac{\partial S}{\partial P}\right)_{T,\varTheta} = -\left(\frac{\partial V}{\partial T}\right)_{P,\varTheta} \tag{10.46a}$$

$$\left(\frac{\partial V}{\partial \varTheta}\right)_{T,P} = \left(\frac{\partial \varPhi}{\partial P}\right)_{T,\varTheta} \tag{10.46b}$$

$$\left(\frac{\partial \varPhi}{\partial T}\right)_{P,\varTheta} = -\left(\frac{\partial S}{\partial \varTheta}\right)_{T,P} \tag{10.46c}$$

これに対し，式 (10.24) によると，上記の物体に対する可逆過程における電気的ポテンシャル表示の第一法則と第二法則の結合形は，次式のように記述される。

$$\mathrm{d}^{E}\!\varLambda = T\mathrm{d}S - P\mathrm{d}V - \varTheta\mathrm{d}\varPhi \tag{10.47}$$

式 (10.47) に対するマクスウェルの関係式は，以下のように導出される。

$$\left(\frac{\partial T}{\partial V}\right)_{S,\varPhi} = -\left(\frac{\partial P}{\partial S}\right)_{V,\varPhi} \tag{10.48a}$$

$$\left(\frac{\partial P}{\partial \varPhi}\right)_{S,V} = \left(\frac{\partial \varTheta}{\partial V}\right)_{S,\varPhi} \tag{10.48b}$$

$$\left(\frac{\partial \varTheta}{\partial S}\right)_{V,\varPhi} = -\left(\frac{\partial T}{\partial \varPhi}\right)_{S,V} \tag{10.48c}$$

また，式 (10.28) によると，上記の物体に対する可逆過程における電気的 Helmholtz ポテンシャル表示の第一法則と第二法則の結合形は，次式のように

表される。

$$\mathrm{d}^F\!\varLambda = -S\mathrm{d}T - P\mathrm{d}V - \varTheta\mathrm{d}\varPhi \tag{10.49}$$

式 (10.49) に対するマクスウェルの関係式を求めると，以下のようになる。

$$\left(\frac{\partial S}{\partial V}\right)_{T,\varPhi} = \left(\frac{\partial P}{\partial T}\right)_{V,\varPhi} \tag{10.50a}$$

$$\left(\frac{\partial P}{\partial \varPhi}\right)_{T,V} = \left(\frac{\partial \varTheta}{\partial V}\right)_{T,\varPhi} \tag{10.50b}$$

$$\left(\frac{\partial \varTheta}{\partial T}\right)_{V,\varPhi} = \left(\frac{\partial S}{\partial \varPhi}\right)_{T,V} \tag{10.50c}$$

一方，式 (10.32) によると，上記の物体に対する可逆過程における電気的熱ポテンシャル表示の第一法則と第二法則の結合形は，次式のように表現される。

$$\mathrm{d}^H\!\varLambda = T\mathrm{d}S + V\mathrm{d}P - \varTheta\mathrm{d}\varPhi \tag{10.51}$$

式 (10.51) に対するマクスウェルの関係式は，以下のように求められる。

$$\left(\frac{\partial T}{\partial P}\right)_{S,\varPhi} = \left(\frac{\partial V}{\partial S}\right)_{P,\varPhi} \tag{10.52a}$$

$$\left(\frac{\partial V}{\partial \varPhi}\right)_{S,P} = -\left(\frac{\partial \varTheta}{\partial P}\right)_{S,\varPhi} \tag{10.52b}$$

$$\left(\frac{\partial \varTheta}{\partial S}\right)_{P,\varPhi} = -\left(\frac{\partial T}{\partial \varPhi}\right)_{S,P} \tag{10.52c}$$

同様に，式 (10.36) によると，上記の物体に対する可逆過程における電気的 Gibbs ポテンシャル表示の第一法則と第二法則の結合形は，次式のように記述される。

$$\mathrm{d}^G\!\varLambda = -S\mathrm{d}T + V\mathrm{d}P - \varTheta\mathrm{d}\varPhi \tag{10.53}$$

式 (10.53) に対するマクスウェルの関係式は，以下のように導出される。

$$\left(\frac{\partial S}{\partial P}\right)_{T,\varPhi} = -\left(\frac{\partial V}{\partial T}\right)_{P,\varPhi} \tag{10.54a}$$

$$\left(\frac{\partial V}{\partial \varPhi}\right)_{T,P} = -\left(\frac{\partial \varTheta}{\partial P}\right)_{T,\varPhi} \tag{10.54b}$$

$$\left(\frac{\partial \varTheta}{\partial T}\right)_{P,\varPhi} = \left(\frac{\partial S}{\partial \varPhi}\right)_{T,P} \tag{10.54c}$$

種々の基本関係式に対する可逆過程における第一法則と第二法則の結合形から

導出される上記のマクスウェルの関係式を用いれば，電気的エネルギーの関与する平衡状態に対し，測定の容易な熱力学量から測定の困難な熱力学量を評価することができる。

【演 習】

本節の手法を適用すると，電気的エネルギーが寄与する開放系の一元系・単相の物体に対するマクスウェルの関係式を導出できる。なお，開放系では，物体と外界の間で物質移動が起こるので，$\mu \mathrm{d}n$ 項を考慮する必要がある。このような関係式を導出せよ。

10.4 クラウジウス・クラペイロンの関係式

6.1 節では，水をモデル成分として選定し，温度 T と圧力 P を独立変数とする一元系の平衡状態図について述べた。図 6.1 は，当該の平衡状態図を示している。このような一元系の平衡状態図は，任意の示強変数を組み合わせて構成することができる。いま，示強変数 I_1 を横軸とし，示強変数 I_2 を縦軸とする図 6.2 のような平衡状態図が構築できたとする。以下では，一般性を高めるために，図 6.2 の液相および気相をそれぞれ低温相（α 相）および高温相（β 相）に置き換えることとする。また，示強変数 I_1 および I_2 に対する共役な示量変数をそれぞれ X_1 および X_2 とし，示量変数 X_1 および X_2 の 1 mol 当りのモル量をそれぞれ $X_{1\mathrm{m}}$ および $X_{2\mathrm{m}}$ とする。式 (6.5) の関係を一般化して表すと，I_1 および I_2 を固有な独立変数とする基本関係式 ${}^{Z}\!\Lambda$ に対し，次式が得られる。

$$\mathrm{d}\,{}^{Z}\!\Lambda_{\mathrm{m}} = X_{1\mathrm{m}}\mathrm{d}I_1 + X_{2\mathrm{m}}\mathrm{d}I_2 \tag{10.55}$$

式 (10.55) の ${}^{Z}\!\Lambda_{\mathrm{m}}$ は，基本関係式 ${}^{Z}\!\Lambda$ のモル量を表している。また，式 (10.55) では，I_1 および I_2 以外の示強変数の値は一定に保たれている。一方，式 (6.7) から知られるように，(α + β) 二相平衡の相境界線において，以下の関係が成立する。

$$X_{1\mathrm{m}}^{\alpha}\mathrm{d}I_1 + X_{2\mathrm{m}}^{\alpha}\mathrm{d}I_2 = X_{1\mathrm{m}}^{\beta}\mathrm{d}I_1 + X_{2\mathrm{m}}^{\beta}\mathrm{d}I_2 \tag{10.56}$$

式 (10.56) を変形すると，次式が導出される。

$$\frac{\mathrm{d}I_2}{\mathrm{d}I_1} = -\left(\frac{X_{1\mathrm{m}}^{\beta} - X_{1\mathrm{m}}^{\alpha}}{X_{2\mathrm{m}}^{\beta} - X_{2\mathrm{m}}^{\alpha}}\right) = -\frac{\Delta X_{1\mathrm{m}}}{\Delta X_{2\mathrm{m}}} \tag{10.57}$$

式 (10.57) の $\Delta X_{1\mathrm{m}}$ および $\Delta X_{2\mathrm{m}}$ は，以下のように定義される。

$$\Delta X_{1\mathrm{m}} \equiv X_{1\mathrm{m}}^{\beta} - X_{1\mathrm{m}}^{\alpha} \tag{10.58a}$$

$$\Delta X_{2\mathrm{m}} \equiv X_{2\mathrm{m}}^{\beta} - X_{2\mathrm{m}}^{\alpha} \tag{10.58b}$$

式 (10.57) は，一般化されたクラウジウス・クラペイロンの関係式である。

ところで，式 (10.53) から知られるように，閉鎖系の一元系・単相の物体に対する電気的 Gibbs ポテンシャル $^{G}\!\Lambda$ は，示強変数である温度 T，圧力 P および電場 Φ を固有な独立変数とする基本関係式である。一方，式 (10.53) 右辺の各項の係数に対応するエントロピー S，体積 V および電気モーメント Θ は，すべて示量変数である。そこで，式 (10.53) の $^{G}\!\Lambda$, S, V および Θ に対するモル量をそれぞれ $^{G}\!\Lambda_{\mathrm{m}}$, S_{m}, V_{m} および Θ_{m} とし，式 (10.55) に倣い，これらのモル量を用いて式 (10.53) を書き換えると，以下のようになる。

$$\mathrm{d}\,^{G}\!\Lambda_{\mathrm{m}} = -S_{\mathrm{m}}\mathrm{d}T + V_{\mathrm{m}}\mathrm{d}P - \Theta_{\mathrm{m}}\mathrm{d}\Phi \tag{10.59}$$

電場 Φ が一定の場合には $\mathrm{d}\Phi = 0$ となり，式 (10.59) の右辺の第三項が消えるので，次式が得られる。

$$\mathrm{d}\,^{G}\!\Lambda_{\mathrm{m}} = -S_{\mathrm{m}}\mathrm{d}T + V_{\mathrm{m}}\mathrm{d}P \tag{10.60}$$

式 (10.55) および式 (10.60) の各変数は，以下のように対応している。

$$^{Z}\!\Lambda_{\mathrm{m}} = \,^{G}\!\Lambda_{\mathrm{m}} \tag{10.61a}$$

$$X_{1\mathrm{m}} = -S_{\mathrm{m}} \tag{10.61b}$$

$$I_1 = T \tag{10.61c}$$

$$X_{2\mathrm{m}} = V_{\mathrm{m}} \tag{10.61d}$$

$$I_2 = P \tag{10.61e}$$

式 (10.61b) 〜(10.61e) を式 (10.57) に代入すると，次式が導出される。

$$\frac{\mathrm{d}P}{\mathrm{d}T} = -\left\{\frac{(-S_{\mathrm{m}}^{\beta}) - (-S_{\mathrm{m}}^{\alpha})}{V_{\mathrm{m}}^{\beta} - V_{\mathrm{m}}^{\alpha}}\right\} = \frac{S_{\mathrm{m}}^{\beta} - S_{\mathrm{m}}^{\alpha}}{V_{\mathrm{m}}^{\beta} - V_{\mathrm{m}}^{\alpha}} = \frac{\Delta S_{\mathrm{m}}}{\Delta V_{\mathrm{m}}} \tag{10.62}$$

式 (10.62) の ΔS_{m} および ΔV_{m} は，以下のように定義される。

$$\Delta S_{\mathrm{m}} \equiv S_{\mathrm{m}}^{\beta} - S_{\mathrm{m}}^{\alpha} \tag{10.63a}$$

$$\Delta V_{\mathrm{m}} \equiv V_{\mathrm{m}}^{\beta} - V_{\mathrm{m}}^{\alpha} \tag{10.63b}$$

式 (10.62) は，電場 Φ が一定の条件における $(\alpha + \beta)$ 二相平衡に対し，圧力 P と温度 T の関係を表すクラウジウス・クラペイロンの関係式である．式 (6.8) は，$\Phi = 0$ の場合の式 (10.62) に対応している．

一方，圧力 P が一定の場合には，式 (10.59) において $\mathrm{d}P = 0$ となり，次式が得られる．

$$\mathrm{d}^{G}\!\Lambda_{\mathrm{m}} = -S_{\mathrm{m}}\mathrm{d}T - \Theta_{\mathrm{m}}\mathrm{d}\Phi \tag{10.64}$$

式 (10.55) および式 (10.64) の各変数は，以下のように対応している．

$$^{Z}\!\Lambda_{\mathrm{m}} = {}^{G}\!\Lambda_{\mathrm{m}} \tag{10.65a}$$

$$X_{1\mathrm{m}} = -S_{\mathrm{m}} \tag{10.65b}$$

$$I_{1} = T \tag{10.65c}$$

$$X_{2\mathrm{m}} = -\Theta_{\mathrm{m}} \tag{10.65d}$$

$$I_{2} = \Phi \tag{10.65e}$$

式 (10.65b) 〜(10.65e) を式 (10.57) に代入すると，次式が導出される．

$$\frac{\mathrm{d}\Phi}{\mathrm{d}T} = -\left\{ \frac{(-S_{\mathrm{m}}^{\beta}) - (-S_{\mathrm{m}}^{\alpha})}{(-\Theta_{\mathrm{m}}^{\beta}) - (-\Theta_{\mathrm{m}}^{\alpha})} \right\} = -\left(\frac{S_{\mathrm{m}}^{\beta} - S_{\mathrm{m}}^{\alpha}}{\Theta_{\mathrm{m}}^{\beta} - \Theta_{\mathrm{m}}^{\alpha}} \right) = -\frac{\Delta S_{\mathrm{m}}}{\Delta \Theta_{\mathrm{m}}} \tag{10.66}$$

式 (10.66) の ΔS_{m} および $\Delta \Theta_{\mathrm{m}}$ は，以下のように定義される．

$$\Delta S_{\mathrm{m}} \equiv S_{\mathrm{m}}^{\beta} - S_{\mathrm{m}}^{\alpha} \tag{10.67a}$$

$$\Delta \Theta_{\mathrm{m}} \equiv \Theta_{\mathrm{m}}^{\beta} - \Theta_{\mathrm{m}}^{\alpha} \tag{10.67b}$$

式 (10.66) は，圧力 P が一定の条件における $(\alpha + \beta)$ 二相平衡に対し，電場 Φ と温度 T の関係を表すクラウジウス・クラペイロンの関係式である．

これに対し，温度 T が一定の場合には，式 (10.59) において $\mathrm{d}T = 0$ となり，次式が得られる．

$$\mathrm{d}^{G}\!\Lambda_{\mathrm{m}} = V_{\mathrm{m}}\mathrm{d}P - \Theta_{\mathrm{m}}\mathrm{d}\Phi \tag{10.68}$$

式 (10.55) および式 (10.68) の各変数は，以下のように対応している．

$$^{Z}\!\Lambda_{\mathrm{m}} = {}^{G}\!\Lambda_{\mathrm{m}} \tag{10.69a}$$

$$X_{1\mathrm{m}} = V_{\mathrm{m}} \tag{10.69b}$$

$$I_{1} = P \tag{10.69c}$$

$$X_{2m} = -\Theta_m \qquad\qquad\qquad (10.69\text{d})$$

$$I_2 = \Phi \qquad\qquad\qquad\qquad (10.69\text{e})$$

式 (10.69b) 〜(10.69e) を式 (10.57) に代入すると，次式が求められる。

$$\frac{\mathrm{d}\Phi}{\mathrm{d}P} = -\left\{ \frac{V_m^\beta - V_m^\alpha}{(-\Theta_m^\beta) - (-\Theta_m^\alpha)} \right\} = \frac{V_m^\beta - V_m^\alpha}{\Theta_m^\beta - \Theta_m^\alpha} = \frac{\Delta V_m}{\Delta \Theta_m} \qquad (10.70)$$

式 (10.70) の ΔV_m および $\Delta \Theta_m$ は，以下のように定義される。

$$\Delta V_m \equiv V_m^\beta - V_m^\alpha \qquad\qquad (10.71\text{a})$$

$$\Delta \Theta_m \equiv \Theta_m^\beta - \Theta_m^\alpha \qquad\qquad (10.71\text{b})$$

式 (10.70) は，温度 T が一定の条件における $(\alpha + \beta)$ 二相平衡に対し，電場 Φ と圧力 P の関係を表すクラウジウス・クラペイロンの関係式である。

磁気的エネルギー

11.1 磁気モーメントに対する基本関係式

　10 章と同様に，r 元系の単相の物体を考える。また，物体は，単一の**磁区**（magnetic domain）から成るものとする。ここで，均一な一次元の**磁場**（magnetic field）Ψ の作用する外界において平衡状態に達した上記の物体に，磁場 Ψ と同じ方向に**磁気モーメント**（magnetic moment）Γ が生じたとする。ここで，磁気モーメント Γ は示量変数であり，磁場 Ψ は磁気モーメント Γ と共役な示強変数である。また，Γ と Ψ はスカラー量である。このような磁気的なエネルギーの寄与を式 (10.4) と同様な方法で式 (10.1) に反映させると，以下の関係が得られる。

$$dE = TdS - PdV + \mu_0 \Psi d\Gamma + \sum_{i=1}^{r} \mu_i dn_i \tag{11.1}$$

式 (11.1) は，磁気的エネルギーの寄与する内部エネルギー E に対する可逆過程における第一法則と第二法則の結合形である。ここで，真空の**透磁率**（magnetic permeability）を表す μ_0 は，定数である。なお，$i = 1 \sim r$ に対する μ_i は，成分 i の化学ポテンシャルを示しているが，μ_0 の記号と重複している。このような記号の重複はあるものの，下付添字 i の値によって透磁率（$i = 0$）と化学ポテンシャル（$i = 1 \sim r$）を区別することができる。そこで，本節では，慣習に従い，真空の透磁率の記号として μ_0 を採用することとする。

　式 (11.1) によると，内部エネルギー E の基本関係式は，次式のように表現

される。

$$E = E(S, V, \Gamma, n_1, n_2, n_3, ..., n_r) \tag{11.2}$$

ここで，内部エネルギー E の値は，物体が存在しない磁場 $\varPsi$ の作用する外界を基準状態としている。式 (11.1) および式 (11.2) から知られるように，基本関係式 E の固有な独立変数は，示量変数であるエントロピー S，体積 V，磁気モーメント Γ および成分 i のモル数 n_i である。式 (11.2) の内部エネルギー E に対する全微分 $\mathrm{d}E$ を求めると，次式が得られる。

$$\mathrm{d}E = \left(\frac{\partial E}{\partial S}\right)_{V,\Gamma,n_i} \mathrm{d}S + \left(\frac{\partial E}{\partial V}\right)_{S,\Gamma,n_i} \mathrm{d}V + \left(\frac{\partial E}{\partial \Gamma}\right)_{S,V,n_i} \mathrm{d}\Gamma$$
$$+ \sum_{i=1}^{r} \left(\frac{\partial E}{\partial n_i}\right)_{S,V,\Gamma,n_{j(j\neq i)}} \mathrm{d}n_i \tag{11.3}$$

式 (11.1) および式 (11.3) の対応する項を比較すると，以下の状態方程式が得られる。

$$T \equiv \left(\frac{\partial E}{\partial S}\right)_{V,\Gamma,n_i} \tag{11.4a}$$

$$P \equiv -\left(\frac{\partial E}{\partial V}\right)_{S,\Gamma,n_i} \tag{11.4b}$$

$$\mu_0 \varPsi \equiv \left(\frac{\partial E}{\partial \Gamma}\right)_{S,V,n_i} \tag{11.4c}$$

$$\mu_i \equiv \left(\frac{\partial E}{\partial n_i}\right)_{S,V,\Gamma,n_{j(j\neq i)}} \tag{11.4d}$$

式 (11.4c) は，磁場 $\varPsi$ が磁気モーメント Γ による内部エネルギー E の偏微分によって定義されることを示している。2 章の検討結果から知られるように，平衡状態では，示強変数である温度 T，圧力 P，磁場 $\varPsi$ および成分 i の化学ポテンシャル μ_i が物体全体にわたって等しくなる。そのような場合には，式 (2.30) および式 (10.8) と同様に，式 (11.1) を以下のように積分することができる。

$$E = \int \mathrm{d}E = T\int \mathrm{d}S - P\int \mathrm{d}V + \mu_0 \varPsi \int \mathrm{d}\Gamma + \sum_{i=1}^{r} \mu_i \int \mathrm{d}n_i$$

$$= TS - PV + \mu_0 \Psi \Gamma + \sum_{i=1}^{r} \mu_i n_i \tag{11.5}$$

式 (11.5) は,磁気的エネルギーの関与する平衡状態における内部エネルギー E に対する Euler の一次形式である。式 (11.5) の最左辺と最右辺を微分すると,次式が得られる。

$$
\begin{aligned}
\mathrm{d}E &= T\mathrm{d}S + S\mathrm{d}T - P\mathrm{d}V - V\mathrm{d}P + \mu_0 \Psi \mathrm{d}\Gamma + \Gamma \mathrm{d}(\mu_0 \Psi) \\
&\quad + \sum_{i=1}^{r} \mu_i \mathrm{d}n_i + \sum_{i=1}^{r} n_i \mathrm{d}\mu_i \\
&= T\mathrm{d}S + S\mathrm{d}T - P\mathrm{d}V - V\mathrm{d}P + \mu_0 \Psi \mathrm{d}\Gamma + \mu_0 \Gamma \mathrm{d}\Psi \\
&\quad + \sum_{i=1}^{r} \mu_i \mathrm{d}n_i + \sum_{i=1}^{r} n_i \mathrm{d}\mu_i
\end{aligned}
\tag{11.6}
$$

式 (11.5) の Euler の一次形式から導出される式 (11.6) は,平衡状態において,式 (11.1) の可逆過程に対する第一法則と第二法則の結合形と等しくなければならない。このため,以下の関係が成り立つ。

$$S\mathrm{d}T - V\mathrm{d}P + \mu_0 \Gamma \mathrm{d}\Psi + \sum_{i=1}^{r} n_i \mathrm{d}\mu_i = 0 \tag{11.7}$$

式 (11.7) は,磁気的エネルギーが関与する平衡状態に対する Gibbs-Duhem の関係式である。すなわち,r 元系の単相・単一磁区の物体では,$(r + 3)$ 個の示強変数のうち,$(r + 2)$ 個は独立変数であるが,残り 1 個の示強変数は従属変数となる。

式 (3.22) のルジャンドル変換を式 (11.2) の内部エネルギー $E(S, V, \Gamma, n_1, ..., n_r)$ に適用し,温度 T の定義を表す式 (11.4a) を用いると,次式のように,磁気的エネルギーの寄与する Helmholtz エネルギー F を求めることができる。

$$
\begin{aligned}
F(T, V, \Gamma, n_1, ..., n_r) &\equiv E(S, V, \Gamma, n_1, ..., n_r) \\
&\quad - \left\{ \frac{\partial E(S, V, \Gamma, n_1, ..., n_r)}{\partial S} \right\}_{V, \Gamma, n_i} S \\
&= E - TS
\end{aligned}
\tag{11.8}
$$

式 (11.8) のルジャンドル変換によって定義される Helmholtz エネルギー F は,固有な独立変数が温度 T,体積 V,磁気モーメント Γ および成分 i のモル数 n_i

となっている。また，式 (3.23) および式 (11.1) によると，磁気的エネルギーの寄与する Helmholtz エネルギー F に対する可逆過程における第一法則と第二法則の結合形は，次式のように記述される。

$$dF = -SdT - PdV + \mu_0 \Psi d\Gamma + \sum_{i=1}^{r} \mu_i dn_i \tag{11.9}$$

式 (11.9) によると，式 (11.8) の基本関係式 $F(T, V, \Gamma, n_1, ..., n_r)$ に対する状態方程式は，以下のように導出される。

$$S \equiv -\left(\frac{\partial F}{\partial T}\right)_{V, \Gamma, n_i} \tag{11.10a}$$

$$P \equiv -\left(\frac{\partial F}{\partial V}\right)_{T, \Gamma, n_i} \tag{11.10b}$$

$$\mu_0 \Psi \equiv \left(\frac{\partial F}{\partial \Gamma}\right)_{T, V, n_i} \tag{11.10c}$$

$$\mu_i \equiv \left(\frac{\partial F}{\partial n_i}\right)_{T, V, \Gamma, n_{j(j \ne i)}} \tag{11.10d}$$

式 (11.10c) に示すように，磁場 Ψ は，磁気モーメント Γ による Helmholtz エネルギー F の偏微分によって定義される。式 (11.8) の最右辺に式 (11.5) を代入すると，次式が得られる。

$$F = E - TS = \left(TS - PV + \mu_0 \Psi \Gamma + \sum_{i=1}^{r} \mu_i n_i\right) - TS$$

$$= -PV + \mu_0 \Psi \Gamma + \sum_{i=1}^{r} \mu_i n_i \tag{11.11}$$

式 (11.11) は，磁気的エネルギーの関与する平衡状態における Helmholtz エネルギー F に対する Euler の一次形式である。

　一方，式 (11.2) の内部エネルギー $E(S, V, \Gamma, n_1, ..., n_r)$ に対し，式 (3.33) のルジャンドル変換を適用し，圧力 P の定義を表す式 (11.4b) を用いると，磁気的エネルギーの寄与するエンタルピー H を次式のように求めることができる。

$$H(S, P, \Gamma, n_1, ..., n_r) \equiv E(S, V, \Gamma, n_1, ..., n_r)$$

$$-\left\{\frac{\partial E(S, V, \Gamma, n_1, ..., n_r)}{\partial V}\right\}_{S, \Gamma, n_i} V$$

$$= E - (-P)V = E + PV \tag{11.12}$$

式 (11.12) のルジャンドル変換によって定義されるエンタルピー H は，固有な独立変数がエントロピー S，圧力 P，磁気モーメント Γ および成分 i のモル数 n_i となっている。また，式 (3.34) および式 (11.1) を用いると，磁気的エネルギーの寄与するエンタルピー H に対する可逆過程における第一法則と第二法則の結合形は，次式のように表される。

$$\mathrm{d}H = T\mathrm{d}S + V\mathrm{d}P + \mu_0\Psi\mathrm{d}\Gamma + \sum_{i=1}^{r}\mu_i\mathrm{d}n_i \tag{11.13}$$

式 (11.13) によると，式 (11.12) の基本関係式 $H(S, P, \Gamma, n_1, ..., n_r)$ に対する状態方程式は，以下のように求められる。

$$T \equiv \left(\frac{\partial H}{\partial S}\right)_{P, \Gamma, n_i} \tag{11.14a}$$

$$V \equiv \left(\frac{\partial H}{\partial P}\right)_{S, \Gamma, n_i} \tag{11.14b}$$

$$\mu_0\Psi \equiv \left(\frac{\partial H}{\partial \Gamma}\right)_{S, P, n_i} \tag{11.14c}$$

$$\mu_i \equiv \left(\frac{\partial H}{\partial n_i}\right)_{S, P, \Gamma, n_{j(j\neq i)}} \tag{1.14d}$$

式 (11.14c) から知られるように，磁場 Ψ は，磁気モーメント Γ によるエンタルピー H の偏微分によって定義される。式 (11.12) の最右辺に式 (11.5) を代入すると，次式が得られる。

$$H = E + PV = \left(TS - PV + \mu_0\Psi\Gamma + \sum_{i=1}^{r}\mu_i n_i\right) + PV$$

$$= TS + \mu_0\Psi\Gamma + \sum_{i=1}^{r}\mu_i n_i \tag{11.15}$$

式 (11.15) は，磁気的エネルギーの関与する平衡状態におけるエンタルピー H に対する Euler の一次形式である。

これに対し，式 (3.44) のルジャンドル変換を式 (11.2) の内部エネルギー $E(S, V, \Gamma, n_1, ..., n_r)$ に適用し，温度 T および圧力 P の定義を表す式 (11.4a) および式 (11.4b) を用いると，次式のように，磁気的エネルギーの寄与する

Gibbs エネルギー G を求めることができる。

$$G(T, P, \Gamma, n_1, ..., n_r) \equiv E(S, V, \Gamma, n_1, ..., n_r)$$

$$-\left\{ \frac{\partial E(S, V, \Gamma, n_1, ..., n_r)}{\partial S} \right\}_{V, \Gamma, n_i} S$$

$$-\left\{ \frac{\partial E(S, V, \Gamma, n_1, ..., n_r)}{\partial V} \right\}_{S, \Gamma, n_i} V$$

$$= E - TS - (-P)V = E - TS + PV \quad (11.16)$$

式 (11.16) のルジャンドル変換によって定義される Gibbs エネルギー G は，固有な独立変数が温度 T，圧力 P，磁気モーメント Γ および成分 i のモル数 n_i となっている。また，式 (3.45) および式 (11.1) を適用すると，磁気的エネルギーの寄与する Gibbs エネルギー G に対する可逆過程における第一法則と第二法則の結合形は，次式のように記述される。

$$\mathrm{d}G = -S\mathrm{d}T + V\mathrm{d}P + \mu_0 \Psi \mathrm{d}\Gamma + \sum_{i=1}^{r} \mu_i \mathrm{d}n_i \quad (11.17)$$

式 (11.17) によると，式 (11.16) の基本関係式 $G(T, P, \Gamma, n_1, ..., n_r)$ に対する状態方程式は，以下のように導出される。

$$S \equiv -\left(\frac{\partial G}{\partial T} \right)_{P, \Gamma, n_i} \quad (11.18a)$$

$$V \equiv \left(\frac{\partial G}{\partial P} \right)_{T, \Gamma, n_i} \quad (11.18b)$$

$$\mu_0 \Psi \equiv \left(\frac{\partial G}{\partial \Gamma} \right)_{T, P, n_i} \quad (11.18c)$$

$$\mu_i \equiv \left(\frac{\partial G}{\partial n_i} \right)_{T, P, \Gamma, n_{j(\neq i)}} \quad (11.18d)$$

式 (11.18c) に記すように，磁場 Ψ は，磁気モーメント Γ による Gibbs エネルギー G の偏微分によって定義される。式 (11.16) の最右辺に式 (11.5) を代入すると，次式が得られる。

$$G = E - TS + PV = \left(TS - PV + \mu_0 \Psi \Gamma + \sum_{i=1}^{r} \mu_i n_i \right) - TS + PV$$

$$= \mu_0 \Psi \Gamma + \sum_{i=1}^{r} \mu_i n_i \quad (11.19)$$

式 (11.19) は，磁気的エネルギーの関与する平衡状態における Gibbs エネルギー G に対する Euler の一次形式である。式 (11.5)，(11.11)，(11.15) および (11.19) に示す Euler の一次形式では，$\mu_0 \Psi \Gamma$ 項が磁気的エネルギーの寄与を表している。

【演 習】

本節の手法を用いると，磁気的エネルギーの寄与するグランドポテンシャル Ω やゼロポテンシャル O に対する種々の熱力学関係式を導出することができる。これらの関係式を導出せよ。

11.2　磁場に対する基本関係式

11.1 節で述べたように，磁気モーメント Γ および磁場 Ψ は，それぞれたがいに共役な示量変数および示強変数である。そこで，磁気的エネルギーの寄与する内部エネルギー $E(S, V, \Gamma, n_1, ..., n_r)$ に対し，示量変数の全独立変数のうち，Γ を Ψ に置き換える以下のようなルジャンドル変換を考える。

$$
\begin{aligned}
{}^E\Pi(S, V, \Psi, n_1, ..., n_r) &\equiv E(S, V, \Gamma, n_1, ..., n_r) \\
&\quad - \left\{ \frac{\partial E(S, V, \Gamma, n_1, ..., n_r)}{\partial \Gamma} \right\}_{S, V, n_i} \Gamma \\
&= E - \mu_0 \Psi \Gamma
\end{aligned}
\tag{11.20}
$$

式 (11.20) では，磁場 Ψ の定義を表す式 (11.4c) を用いている。10.2 節で述べた種々の基本関係式と同様に，式 (11.20) のルジャンドル変換によって定義される新しい基本関係式 ${}^E\Pi$ は，系統的な名称の確立には未だ至っていない。そこで，基本関係式 ${}^E\Pi(S, V, \Psi, n_1, ..., n_r)$ を便宜的に**磁気的ポテンシャル**と呼ぶことにする。なお，式 (10.23) の ${}^E\Lambda$ と同様に，${}^E\Pi$ の左上付添字の E は，磁気的ポテンシャル ${}^E\Pi$ が内部エネルギー E のルジャンドル変換によって定義される基本関係式であることを表している。式 (11.20) から知られるように，磁気的ポテンシャル ${}^E\Pi$ の固有な独立変数は，エントロピー S，体積 V，磁場 Ψ および成分 i のモル数 n_i である。また，可逆過程における磁気的ポテンシャル ${}^E\Pi$

に対する第一法則と第二法則の結合形は，次式のように表される。

$$\mathrm{d}^E\Pi = T\mathrm{d}S - P\mathrm{d}V - \Gamma\mathrm{d}(\mu_0\Psi) + \sum_{i=1}^{r}\mu_i\mathrm{d}n_i$$

$$= T\mathrm{d}S - P\mathrm{d}V - \mu_0\Gamma\mathrm{d}\Psi + \sum_{i=1}^{r}\mu_i\mathrm{d}n_i \tag{11.21}$$

式 (11.21) によると，式 (11.20) の基本関係式 $^E\Pi(S, V, \Psi, n_1, ..., n_r)$ に対する状態方程式は，以下のように求められる。

$$T \equiv \left(\frac{\partial^E\Pi}{\partial S}\right)_{V, \Psi, n_i} \tag{11.22a}$$

$$P \equiv -\left(\frac{\partial^E\Pi}{\partial V}\right)_{S, \Psi, n_i} \tag{11.22b}$$

$$\Gamma \equiv -\left\{\frac{\partial^E\Pi}{\partial(\mu_0\Psi)}\right\}_{S, V, n_i} = -\frac{1}{\mu_0}\left(\frac{\partial^E\Pi}{\partial\Psi}\right)_{S, V, n_i} \tag{11.22c}$$

$$\mu_i \equiv \left(\frac{\partial^E\Pi}{\partial n_i}\right)_{S, V, \Psi, n_{j(j \neq i)}} \tag{11.22d}$$

式 (11.22c) に示すように，磁気モーメント Γ は，磁場 Ψ による磁気的ポテンシャル $^E\Pi$ の偏微分によって定義される。式 (11.20) の最右辺に式 (11.5) を代入すると，次式が得られる。

$$^E\Pi = E - \mu_0\Psi\Gamma = \left(TS - PV + \mu_0\Psi\Gamma + \sum_{i=1}^{r}\mu_i n_i\right) - \mu_0\Psi\Gamma$$

$$= TS - PV + \sum_{i=1}^{r}\mu_i n_i \tag{11.23}$$

式 (11.23) は，平衡状態における磁気的ポテンシャル $^E\Pi$ に対する Euler の一次形式であるが，電気的ポテンシャル $^E\Lambda$ に対する式 (10.26) や，磁気的エネルギーや電気的エネルギーの寄与しない内部エネルギー E に対する式 (2.30) と同じ形式になっている。

一方，式 (11.8) で定義される Helmholtz エネルギー $F(T, V, \Gamma, n_1, ..., n_r)$ の独立変数のうち，Γ を Ψ に置き換える以下のルジャンドル変換を考える。

$$^F\Pi(T, V, \Psi, n_1, ..., n_r) \equiv F(T, V, \Gamma, n_1, ..., n_r)$$

$$- \left\{\frac{\partial F(T, V, \Gamma, n_1, ..., n_r)}{\partial\Gamma}\right\}_{T, V, n_i}\Gamma$$

$$= F - \mu_0 \Psi \Gamma \tag{11.24}$$

式 (11.24) では，磁場 Ψ の定義を表す式 (11.10c) を用いている。式 (11.24) のルジャンドル変換によって定義される基本関係式 $^F\Pi$ を**磁気的 Helmholtz ポテンシャル**と呼ぶことにする。なお，式 (10.27) の $^F\Lambda$ と同様に，$^F\Pi$ の左上付添字の F は，磁気的 Helmholtz ポテンシャル $^F\Pi$ が Helmholtz エネルギー F のルジャンドル変換によって定義される基本関係式であることを表している。式 (11.24) から知られるように，磁気的 Helmholtz ポテンシャル $^F\Pi$ の固有な独立変数は，温度 T，体積 V，磁場 Ψ および成分 i のモル数 n_i である。また，可逆過程における磁気的 Helmholtz ポテンシャル $^F\Pi$ に対する第一法則と第二法則の結合形は，次式のように記述される。

$$\mathrm{d}^F\Pi = - S\mathrm{d}T - P\mathrm{d}V - \Gamma\mathrm{d}(\mu_0\Psi) + \sum_{i=1}^{r} \mu_i\mathrm{d}n_i$$

$$= - S\mathrm{d}T - P\mathrm{d}V - \mu_0\Gamma\mathrm{d}\Psi + \sum_{i=1}^{r} \mu_i\mathrm{d}n_i \tag{11.25}$$

式 (11.25) によると，式 (11.24) の基本関係式 $^F\Pi(T, V, \Psi, n_1, ..., n_r)$ に対する状態方程式は，以下のように導出される。

$$S \equiv -\left(\frac{\partial^F\Pi}{\partial T}\right)_{V, \Psi, n_i} \tag{11.26a}$$

$$P \equiv -\left(\frac{\partial^F\Pi}{\partial V}\right)_{T, \Psi, n_i} \tag{11.26b}$$

$$\Gamma \equiv -\left\{\frac{\partial^F\Pi}{\partial(\mu_0\Psi)}\right\}_{T, V, n_i} = -\frac{1}{\mu_0}\left(\frac{\partial^F\Pi}{\partial\Psi}\right)_{T, V, n_i} \tag{11.26c}$$

$$\mu_i \equiv \left(\frac{\partial^F\Pi}{\partial n_i}\right)_{T, V, \Psi, n_{j(\ne i)}} \tag{11.26d}$$

式 (11.26c) から知られるように，磁気モーメント Γ は，磁場 Ψ による磁気的 Helmholtz ポテンシャル $^F\Pi$ の偏微分によって定義される。式 (11.24) の最右辺に式 (11.11) を代入すると，次式が得られる。

$$^F\Pi = F - \mu_0\Psi\Gamma = \left(-PV + \mu_0\Psi\Gamma + \sum_{i=1}^{r} \mu_i n_i\right) - \mu_0\Psi\Gamma$$

$$= -PV + \sum_{i=1}^{r} \mu_i n_i \tag{11.27}$$

式 (11.27) は，平衡状態における磁気的 Helmholtz ポテンシャル $^F\!\Pi$ に対する Euler の一次形式であるが，電気的 Helmholtz ポテンシャル $^F\!\Lambda$ に対する式 (10.30) や，磁気的エネルギーや電気的エネルギーの寄与しない Helmholtz エネルギー F に対する式 (3.29) と同じ形式になっている。

また，式 (11.12) で定義されるエンタルピー $H(S, P, \Gamma, n_1, ..., n_r)$ の独立変数のうち，Γ を Ψ に置き換える以下のルジャンドル変換を考える。

$$\begin{aligned}
^H\!\Pi(S, P, \Psi, n_1, ..., n_r) &\equiv H(S, P, \Gamma, n_1, ..., n_r) \\
&\quad - \left\{ \frac{\partial H(S, P, \Gamma, n_1, ..., n_r)}{\partial \Gamma} \right\}_{S, P, n_i} \Gamma \\
&= H - \mu_0 \Psi \Gamma
\end{aligned} \tag{11.28}$$

式 (11.28) では，磁場 Ψ の定義を表す式 (11.14c) を用いている。式 (11.28) のルジャンドル変換によって定義される基本関係式 $^H\!\Pi$ を**磁気的熱ポテンシャル**と呼ぶことにする。なお，式 (10.31) の $^H\!\Lambda$ と同様に，$^H\!\Pi$ の左上付添字の H は，磁気的熱ポテンシャル $^H\!\Pi$ がエンタルピー H のルジャンドル変換によって定義される基本関係式であることを表している。式 (11.28) から知られるように，磁気的熱ポテンシャル $^H\!\Pi$ の固有な独立変数は，エントロピー S，圧力 P，磁場 Ψ および成分 i のモル数 n_i である。また，可逆過程における磁気的熱ポテンシャル $^H\!\Pi$ に対する第一法則と第二法則の結合形は，次式のように表される。

$$\begin{aligned}
\mathrm{d}^H\!\Pi &= T\mathrm{d}S + V\mathrm{d}P - \Gamma\mathrm{d}(\mu_0\Psi) + \sum_{i=1}^{r} \mu_i \mathrm{d}n_i \\
&= T\mathrm{d}S + V\mathrm{d}P - \mu_0\Gamma\mathrm{d}\Psi + \sum_{i=1}^{r} \mu_i \mathrm{d}n_i
\end{aligned} \tag{11.29}$$

式 (11.29) によると，式 (11.28) の基本関係式 $^H\!\Pi(S, P, \Psi, n_1, ..., n_r)$ に対する状態方程式は，以下のように求められる。

$$T \equiv \left(\frac{\partial ^H\!\Pi}{\partial S} \right)_{P, \Psi, n_i} \tag{11.30a}$$

$$V \equiv \left(\frac{\partial ^H\!\Pi}{\partial P} \right)_{S, \Psi, n_i} \tag{11.30b}$$

$$\Gamma \equiv -\left\{ \frac{\partial\, {}^H\!\Pi}{\partial(\mu_0 \Psi)} \right\}_{S, P, n_i} = -\frac{1}{\mu_0}\left(\frac{\partial\, {}^H\!\Pi}{\partial \Psi} \right)_{S, P, n_i} \tag{11.30c}$$

$$\mu_i \equiv \left(\frac{\partial\, {}^H\!\Pi}{\partial n_i} \right)_{S, P, \Psi, n_{j \neq i}} \tag{11.30d}$$

式 (11.30c) に記すように，磁気モーメント Γ は，磁場 Ψ による磁気的熱ポテンシャル ${}^H\!\Pi$ の偏微分によって定義される。式 (11.28) の最右辺に式 (11.15) を代入すると，次式が得られる。

$$\begin{aligned} {}^H\!\Pi &= H - \mu_0 \Psi\Gamma = \left(TS + \mu_0 \Psi\Gamma + \sum_{i=1}^{r} \mu_i n_i \right) - \mu_0 \Psi\Gamma \\ &= TS + \sum_{i=1}^{r} \mu_i n_i \end{aligned} \tag{11.31}$$

式 (11.31) は，平衡状態における磁気的熱ポテンシャル ${}^H\!\Pi$ に対する Euler の一次形式であるが，電気的熱ポテンシャル ${}^H\!\Lambda$ に対する式 (10.34) や，磁気的エネルギーや電気的エネルギーの寄与しないエンタルピー H に対する式 (3.40) と同じ形式になっている。

これに対し，式 (11.16) で定義される Gibbs エネルギー $G(T, P, \Gamma, n_1, ..., n_r)$ の独立変数のうち，Γ を Ψ に置き換える以下のルジャンドル変換を考える。

$$\begin{aligned} {}^G\!\Pi(T, P, \Psi, n_1, ..., n_r) &\equiv G(T, P, \Gamma, n_1, ..., n_r) \\ &\quad -\left\{ \frac{\partial G(T, P, \Gamma, n_1, ..., n_r)}{\partial \Gamma} \right\}_{T, P, n_i} \Gamma \\ &= G - \mu_0 \Psi\Gamma \end{aligned} \tag{11.32}$$

式 (11.32) では，磁場 Ψ の定義を表す式 (11.18c) を用いている。式 (11.32) のルジャンドル変換によって定義される基本関係式 ${}^G\!\Pi$ を **磁気的 Gibbs ポテンシャル** と呼ぶことにする。なお，式 (10.35) の ${}^G\!\Lambda$ と同様に，${}^G\!\Pi$ の左上付添字の G は，磁気的 Gibbs ポテンシャル ${}^G\!\Pi$ が Gibbs エネルギー G のルジャンドル変換によって定義される基本関係式であることを表している。式 (11.32) から知られるように，磁気的 Gibbs ポテンシャル ${}^G\!\Pi$ の固有な独立変数は，温度 T，圧力 P，磁場 Ψ および成分 i のモル数 n_i である。また，可逆過程における磁気的 Gibbs ポテンシャル ${}^G\!\Pi$ に対する第一法則と第二法則の結合形は，次式の

ように記述される。

$$\mathrm{d}^G\Pi = -S\mathrm{d}T + V\mathrm{d}P - \Gamma\mathrm{d}(\mu_0\Psi) + \sum_{i=1}^{r}\mu_i\mathrm{d}n_i$$

$$= -S\mathrm{d}T + V\mathrm{d}P - \mu_0\Gamma\mathrm{d}\Psi + \sum_{i=1}^{r}\mu_i\mathrm{d}n_i \tag{11.33}$$

式 (11.33) によると，式 (11.32) の基本関係式 $^G\Pi(T, P, \Psi, n_1, ..., n_r)$ に対する状態方程式は，以下のように導出される。

$$S \equiv -\left(\frac{\partial\, ^G\Pi}{\partial T}\right)_{P,\,\Psi,\,n_i} \tag{11.34a}$$

$$V \equiv \left(\frac{\partial\, ^G\Pi}{\partial P}\right)_{T,\,\Psi,\,n_i} \tag{11.34b}$$

$$\Gamma \equiv -\left\{\frac{\partial\, ^G\Pi}{\partial(\mu_0\Psi)}\right\}_{T,\,P,\,n_i} = -\frac{1}{\mu_0}\left(\frac{\partial\, ^G\Pi}{\partial\Psi}\right)_{T,\,P,\,n_i} \tag{11.34c}$$

$$\mu_i \equiv \left(\frac{\partial\, ^G\Pi}{\partial n_i}\right)_{T,\,P,\,\Psi,\,n_{j(j\neq i)}} \tag{11.34d}$$

式 (11.34c) に示すように，磁気モーメント Γ は，磁場 Ψ による磁気的 Gibbs ポテンシャル $^G\Pi$ の偏微分によって定義される。式 (11.32) の最右辺に式 (11.19) を代入すると，次式が得られる。

$$^G\Pi = G - \mu_0\Psi\Gamma = \left(\mu_0\Psi\Gamma + \sum_{i=1}^{r}\mu_i n_i\right) - \mu_0\Psi\Gamma = \sum_{i=1}^{r}\mu_i n_i \tag{11.35}$$

式 (11.35) は，平衡状態における磁気的 Gibbs ポテンシャル $^G\Pi$ に対する Euler の一次形式であるが，電気的 Gibbs ポテンシャル $^G\Lambda$ に対する式 (10.38) や，磁気的エネルギーや電気的エネルギーの寄与しない Gibbs エネルギー G に対する式 (3.51) と同じ形式になっている。

　前述のように，大気圧下で行う通常の実験では，エントロピー S や体積 V などの示量変数よりも，温度 T や圧力 P などの示強変数を制御するほうがはるかに容易である。このため，3.4 節で述べたように，磁気的エネルギーや電気的エネルギーの関与しない平衡状態では，Gibbs エネルギー $G(T, P, n_1, ..., n_r)$ が実験科学との整合性の高い基本関係式であるといえる。一方，10.2 節で述べたように，電気的エネルギーの関与する平衡状態では，示量変数である電気

モーメント Θ よりも示強変数である電場 Φ を制御するほうが，実験的に容易である。このような平衡状態では，Gibbs エネルギー $G(T, P, \Theta, n_1, ..., n_r)$ よりも電気的 Gibbs ポテンシャル ${}^G\! \Lambda(T, P, \Phi, n_1, ..., n_r)$ のほうが，実験科学との整合性の高い基本関係式となる。これに対し，磁気的エネルギーの関与する平衡状態では，示量変数である磁気モーメント Γ よりも示強変数である磁場 Ψ のほうが，実験的に制御しやすい。このため，Gibbs エネルギー $G(T, P, \Gamma, n_1, ..., n_r)$ よりも磁気的 Gibbs ポテンシャル ${}^G\! \Pi(T, P, \Psi, n_1, ..., n_r)$ のほうが，実験科学との整合性の高い基本関係式となる。

【演 習】

磁気的エネルギーの寄与するグランドポテンシャル Ω やゼロポテンシャル O に対し，本節のルジャンドル変換を適用すると，**磁気的グランドポテンシャル ${}^{\Omega}\!\Pi$ や磁気的ゼロポテンシャル ${}^{O}\!\Pi$** を定義することができる。また，${}^{\Omega}\!\Pi$ や ${}^{O}\!\Pi$ に対する種々の熱力学関係式を導出することもできる。これらの関係式を導出せよ。

11.3 マクスウェルの関係式

磁気的エネルギーが寄与する閉鎖系の一元系・単相・単一磁区の物体に対し，可逆過程における内部エネルギー表示の第一法則と第二法則の結合形は，式 (11.1) に従い，次式のように記述される。

$$\mathrm{d}E = T\mathrm{d}S - P\mathrm{d}V + \mu_0 \Psi \mathrm{d}\Gamma \tag{11.36}$$

式 (11.36) の右辺の三つの項から任意の二つを選び，5.1 節および 10.3 節の手法を用い，対応する混合偏微分がたがいに等しいとおくと，以下のようなマクスウェルの関係式が得られる。

$$\left(\frac{\partial T}{\partial V}\right)_{S, \Gamma} = -\left(\frac{\partial P}{\partial S}\right)_{V, \Gamma} \tag{11.37a}$$

$$\left(\frac{\partial P}{\partial \Gamma}\right)_{S, V} = -\left\{\frac{\partial (\mu_0 \Psi)}{\partial V}\right\}_{S, \Gamma} = -\mu_0 \left(\frac{\partial \Psi}{\partial V}\right)_{S, \Gamma} \tag{11.37b}$$

$$\left\{\frac{\partial(\mu_0\Psi)}{\partial S}\right\}_{V,\Gamma} = \mu_0\left(\frac{\partial\Psi}{\partial S}\right)_{V,\Gamma} = \left(\frac{\partial T}{\partial \Gamma}\right)_{S,V} \tag{11.37c}$$

式 (11.9) によると，上記の物体に対する可逆過程における Helmholtz エネルギー表示の第一法則と第二法則の結合形が，次式のように表される。

$$\mathrm{d}F = -S\mathrm{d}T - P\mathrm{d}V + \mu_0\Psi\mathrm{d}\Gamma \tag{11.38}$$

式 (11.38) に対するマクスウェルの関係式は，以下のように求められる。

$$\left(\frac{\partial S}{\partial V}\right)_{T,\Gamma} = \left(\frac{\partial P}{\partial T}\right)_{V,\Gamma} \tag{11.39a}$$

$$\left(\frac{\partial P}{\partial \Gamma}\right)_{T,V} = -\left\{\frac{\partial(\mu_0\Psi)}{\partial V}\right\}_{T,\Gamma} = -\mu_0\left(\frac{\partial\Psi}{\partial V}\right)_{T,\Gamma} \tag{11.39b}$$

$$\left\{\frac{\partial(\mu_0\Psi)}{\partial T}\right\}_{V,\Gamma} = \mu_0\left(\frac{\partial\Psi}{\partial T}\right)_{V,\Gamma} = -\left(\frac{\partial S}{\partial \Gamma}\right)_{T,V} \tag{11.39c}$$

また，式 (11.13) によると，上記の物体に対する可逆過程におけるエンタルピー表示の第一法則と第二法則の結合形は，次式のように表現される。

$$\mathrm{d}H = T\mathrm{d}S + V\mathrm{d}P + \mu_0\Psi\mathrm{d}\Gamma \tag{11.40}$$

式 (11.40) に対するマクスウェルの関係式は，以下のように導出される。

$$\left(\frac{\partial T}{\partial P}\right)_{S,\Gamma} = \left(\frac{\partial V}{\partial S}\right)_{P,\Gamma} \tag{11.41a}$$

$$\left(\frac{\partial V}{\partial \Gamma}\right)_{S,P} = \left\{\frac{\partial(\mu_0\Psi)}{\partial P}\right\}_{S,\Gamma} = \mu_0\left(\frac{\partial\Psi}{\partial P}\right)_{S,\Gamma} \tag{11.41b}$$

$$\left\{\frac{\partial(\mu_0\Psi)}{\partial S}\right\}_{P,\Gamma} = \mu_0\left(\frac{\partial\Psi}{\partial S}\right)_{P,\Gamma} = \left(\frac{\partial T}{\partial \Gamma}\right)_{S,P} \tag{11.41c}$$

一方，式 (11.17) によると，上記の物体に対する可逆過程における Gibbs エネルギー表示の第一法則と第二法則の結合形は，次式のように記述される。

$$\mathrm{d}G = -S\mathrm{d}T + V\mathrm{d}P + \mu_0\Psi\mathrm{d}\Gamma \tag{11.42}$$

式 (11.42) に対するマクスウェルの関係式を求めると，以下のようになる。

$$\left(\frac{\partial S}{\partial P}\right)_{T,\Gamma} = -\left(\frac{\partial V}{\partial T}\right)_{P,\Gamma} \tag{11.43a}$$

$$\left(\frac{\partial V}{\partial \Gamma}\right)_{T,P} = \left\{\frac{\partial(\mu_0\Psi)}{\partial P}\right\}_{T,\Gamma} = \mu_0\left(\frac{\partial\Psi}{\partial P}\right)_{T,\Gamma} \tag{11.43b}$$

$$\left\{\frac{\partial(\mu_0\Psi)}{\partial T}\right\}_{P,\Gamma} = \mu_0\left(\frac{\partial\Psi}{\partial T}\right)_{P,\Gamma} = -\left(\frac{\partial S}{\partial\Gamma}\right)_{T,P} \tag{11.43c}$$

これに対し，上記の物体に対する可逆過程における磁気的ポテンシャル表示の第一法則と第二法則の結合形は，式 (11.21) によると，次式のように記述される。

$$\mathrm{d}^E\Pi = T\mathrm{d}S - P\mathrm{d}V - \Gamma\mathrm{d}(\mu_0\Psi) \tag{11.44}$$

式 (11.44) に対するマクスウェルの関係式は，以下のように導出される。

$$\left(\frac{\partial T}{\partial V}\right)_{S,\Psi} = -\left(\frac{\partial P}{\partial S}\right)_{V,\Psi} \tag{11.45a}$$

$$\left\{\frac{\partial P}{\partial(\mu_0\Psi)}\right\}_{S,V} = \frac{1}{\mu_0}\left(\frac{\partial P}{\partial\Psi}\right)_{S,V} = \left(\frac{\partial\Gamma}{\partial V}\right)_{S,\Psi} \tag{11.45b}$$

$$\left(\frac{\partial\Gamma}{\partial S}\right)_{V,\Psi} = -\left\{\frac{\partial T}{\partial(\mu_0\Psi)}\right\}_{S,V} = -\frac{1}{\mu_0}\left(\frac{\partial T}{\partial\Psi}\right)_{S,V} \tag{11.45c}$$

また，式 (11.25) によると，上記の物体に対する可逆過程における磁気的 Helmholtz ポテンシャル表示の第一法則と第二法則の結合形は，次式のように表現される。

$$\mathrm{d}^F\Pi = -S\mathrm{d}T - P\mathrm{d}V - \Gamma\mathrm{d}(\mu_0\Psi) \tag{11.46}$$

式 (11.46) に対するマクスウェルの関係式を求めると，以下のようになる。

$$\left(\frac{\partial S}{\partial V}\right)_{T,\Psi} = \left(\frac{\partial P}{\partial T}\right)_{V,\Psi} \tag{11.47a}$$

$$\left\{\frac{\partial P}{\partial(\mu_0\Psi)}\right\}_{T,V} = \frac{1}{\mu_0}\left(\frac{\partial P}{\partial\Psi}\right)_{T,V} = \left(\frac{\partial\Gamma}{\partial V}\right)_{T,\Psi} \tag{11.47b}$$

$$\left(\frac{\partial\Gamma}{\partial T}\right)_{V,\Psi} = \left\{\frac{\partial S}{\partial(\mu_0\Psi)}\right\}_{T,V} = \frac{1}{\mu_0}\left(\frac{\partial S}{\partial\Psi}\right)_{T,V} \tag{11.47c}$$

一方，式 (11.29) によると，上記の物体に対する可逆過程における磁気的熱ポテンシャル表示の第一法則と第二法則の結合形は，次式のように表される。

$$\mathrm{d}^H\Pi = T\mathrm{d}S + V\mathrm{d}P - \Gamma\mathrm{d}(\mu_0\Psi) \tag{11.48}$$

式 (11.48) に対するマクスウェルの関係式は，以下のように求められる。

$$\left(\frac{\partial T}{\partial P}\right)_{S,\Psi} = \left(\frac{\partial V}{\partial S}\right)_{P,\Psi} \tag{11.49a}$$

$$\left\{\frac{\partial V}{\partial(\mu_0\Psi)}\right\}_{S,P} = \frac{1}{\mu_0}\left(\frac{\partial V}{\partial\Psi}\right)_{S,P} = -\left(\frac{\partial\Gamma}{\partial P}\right)_{S,\psi} \tag{11.49b}$$

$$\left(\frac{\partial\Gamma}{\partial S}\right)_{P,\psi} = -\left\{\frac{\partial T}{\partial(\mu_0\Psi)}\right\}_{S,P} = -\frac{1}{\mu_0}\left(\frac{\partial T}{\partial\Psi}\right)_{S,P} \tag{11.49c}$$

同様に，式 (11.33) によると，上記の物体に対する可逆過程における磁気的 Gibbs ポテンシャル表示の第一法則と第二法則の結合形は，次式のように記述される。

$$\mathrm{d}^G\Pi = -S\mathrm{d}T + V\mathrm{d}P - \Gamma\mathrm{d}(\mu_0\Psi) \tag{11.50}$$

式 (11.50) に対するマクスウェルの関係式は，以下のように導かれる。

$$\left(\frac{\partial S}{\partial P}\right)_{T,\psi} = -\left(\frac{\partial V}{\partial T}\right)_{P,\psi} \tag{11.51a}$$

$$\left\{\frac{\partial V}{\partial(\mu_0\Psi)}\right\}_{T,P} = \frac{1}{\mu_0}\left(\frac{\partial V}{\partial\Psi}\right)_{T,P} = -\left(\frac{\partial\Gamma}{\partial P}\right)_{T,\psi} \tag{11.51b}$$

$$\left(\frac{\partial\Gamma}{\partial T}\right)_{P,\psi} = \left\{\frac{\partial S}{\partial(\mu_0\Psi)}\right\}_{T,P} = \frac{1}{\mu_0}\left(\frac{\partial S}{\partial\Psi}\right)_{T,P} \tag{11.51c}$$

種々の基本関係式に対する可逆過程における第一法則と第二法則の結合形から導出される上記のマクスウェルの関係式を用いれば，磁気的エネルギーの関与する平衡状態に対し，測定の容易な熱力学量から測定の困難な熱力学量を評価することができる。

【演　習】

本節の手法を適用すると，磁気的エネルギーが寄与する開放系の一元系・単相・単一磁区の物体に対するマクスウェルの関係式を導出することができる。なお，開放系の物体では，$\mu\mathrm{d}n$ 項を考慮する必要がある。これらの関係式を導出せよ。

11.4　クラウジウス・クラペイロンの関係式

10.4 節では，二つの示強変数 I_1 および I_2 を独立変数とする一元系の物体の平衡状態図において，低温相（α 相）と高温相（β 相）の二相平衡の相境界線

に対し，式 (10.57) に示したように，一般化されたクラウジウス・クラペイロンの関係式を以下のように導出した。

$$\frac{\mathrm{d}I_2}{\mathrm{d}I_1} = -\left(\frac{X_{1\mathrm{m}}^{\beta} - X_{1\mathrm{m}}^{\alpha}}{X_{2\mathrm{m}}^{\beta} - X_{2\mathrm{m}}^{\alpha}}\right) = -\frac{\Delta X_{1\mathrm{m}}}{\Delta X_{2\mathrm{m}}} \tag{11.52}$$

式 (11.52) において，$X_{1\mathrm{m}}$ および $X_{2\mathrm{m}}$ はそれぞれ X_1 および X_2 のモル量であり，X_1 および X_2 はそれぞれ I_1 および I_2 と共役な示量変数である。また，式 (11.52) の $\Delta X_{1\mathrm{m}}$ および $\Delta X_{2\mathrm{m}}$ は，以下のように定義される。

$$\Delta X_{1\mathrm{m}} \equiv X_{1\mathrm{m}}^{\beta} - X_{1\mathrm{m}}^{\alpha} \tag{11.53a}$$

$$\Delta X_{2\mathrm{m}} \equiv X_{2\mathrm{m}}^{\beta} - X_{2\mathrm{m}}^{\alpha} \tag{11.53b}$$

ところで，式 (11.50) から知られるように，閉鎖系の一元系・単相・単一磁区の物体に対する磁気的 Gibbs ポテンシャル $^G\Pi$ は，示強変数である温度 T，圧力 P および磁場 Ψ を固有な独立変数とする基本関係式である。一方，式 (11.50) 右辺の各項の係数に対応するエントロピー S，体積 V および磁気モーメント Γ は，すべて示量変数である。そこで，式 (11.50) の $^G\Pi$, S, V および Γ に対するモル量をそれぞれ $^G\Pi_{\mathrm{m}}$, S_{m}, V_{m} および Γ_{m} とし，式 (10.53) および式 (10.59) に倣い，これらのモル量を用いて式 (11.50) を書き換えると，以下のようになる。

$$\mathrm{d}\,^G\Pi_{\mathrm{m}} = -S_{\mathrm{m}}\mathrm{d}T + V_{\mathrm{m}}\mathrm{d}P - \Gamma_{\mathrm{m}}\mathrm{d}(\mu_0 \Psi) \tag{11.54}$$

磁場 Ψ が一定の場合には，式 (11.54) において $\mathrm{d}\Psi = 0$ となり，次式が得られる。

$$\mathrm{d}\,^G\Pi_{\mathrm{m}} = -S_{\mathrm{m}}\mathrm{d}T + V_{\mathrm{m}}\mathrm{d}P \tag{11.55}$$

式 (11.52) および式 (11.55) の各変数は，以下のように対応している。

$$X_{1\mathrm{m}} = -S_{\mathrm{m}} \tag{11.56a}$$

$$I_1 = T \tag{11.56b}$$

$$X_{2\mathrm{m}} = V_{\mathrm{m}} \tag{11.56c}$$

$$I_2 = P \tag{11.56d}$$

式 (11.56a) 〜 (11.56d) を式 (11.52) に代入すると，次式が導出される。

$$\frac{\mathrm{d}P}{\mathrm{d}T} = -\left\{ \frac{(-S_\mathrm{m}^\beta) - (-S_\mathrm{m}^\alpha)}{V_\mathrm{m}^\beta - V_\mathrm{m}^\alpha} \right\} = \frac{S_\mathrm{m}^\beta - S_\mathrm{m}^\alpha}{V_\mathrm{m}^\beta - V_\mathrm{m}^\alpha} = \frac{\Delta S_\mathrm{m}}{\Delta V_\mathrm{m}} \tag{11.57}$$

式 (11.57) の ΔS_m および ΔV_m は，以下のように定義される。

$$\Delta S_\mathrm{m} \equiv S_\mathrm{m}^\beta - S_\mathrm{m}^\alpha \tag{11.58a}$$

$$\Delta V_\mathrm{m} \equiv V_\mathrm{m}^\beta - V_\mathrm{m}^\alpha \tag{11.58b}$$

式 (11.57) は，式 (6.8) および式 (10.62) と同じ形式であるが，磁場 Ψ が一定の条件における $(\alpha + \beta)$ 二相平衡に対し，圧力 P と温度 T の関係を表すクラウジウス・クラペイロンの関係式である。式 (6.8) は，$\Psi = 0$ の場合の式 (11.57) に対応している。

　また，圧力 P が一定の場合には，式 (11.54) において $\mathrm{d}P = 0$ となり，次式が得られる。

$$\mathrm{d}^G \varPi_\mathrm{m} = -S_\mathrm{m} \mathrm{d}T - \varGamma_\mathrm{m} \mathrm{d}(\mu_0 \Psi) \tag{11.59}$$

式 (11.52) および式 (11.59) の各変数は，以下のように対応している。

$$X_{1\mathrm{m}} = -S_\mathrm{m} \tag{11.60a}$$

$$I_1 = T \tag{11.60b}$$

$$X_{2\mathrm{m}} = -\varGamma_\mathrm{m} \tag{11.60c}$$

$$I_2 = \mu_0 \Psi \tag{11.60d}$$

式 (11.60a)〜(11.60d) を式 (11.52) に代入すると，次式が導出される。

$$\frac{\mathrm{d}(\mu_0 \Psi)}{\mathrm{d}T} = -\left\{ \frac{(-S_\mathrm{m}^\beta) - (-S_\mathrm{m}^\alpha)}{(-\varGamma_\mathrm{m}^\beta) - (-\varGamma_\mathrm{m}^\alpha)} \right\} = -\left(\frac{S_\mathrm{m}^\beta - S_\mathrm{m}^\alpha}{\varGamma_\mathrm{m}^\beta - \varGamma_\mathrm{m}^\alpha} \right) = -\frac{\Delta S_\mathrm{m}}{\Delta \varGamma_\mathrm{m}} \tag{11.61}$$

式 (11.61) の ΔS_m および $\Delta \varGamma_\mathrm{m}$ は，以下のように定義される。

$$\Delta S_\mathrm{m} \equiv S_\mathrm{m}^\beta - S_\mathrm{m}^\alpha \tag{11.62a}$$

$$\Delta \varGamma_\mathrm{m} \equiv \varGamma_\mathrm{m}^\beta - \varGamma_\mathrm{m}^\alpha \tag{11.62b}$$

式 (11.61) は，圧力 P が一定の条件における $(\alpha + \beta)$ 二相平衡に対し，磁場 Ψ と温度 T の関係を表すクラウジウス・クラペイロンの関係式である。

　一方，温度 T が一定の場合には，式 (11.54) において $\mathrm{d}T = 0$ となり，次式が得られる。

$$\mathrm{d}^G \varPi_\mathrm{m} = V_\mathrm{m} \mathrm{d}P - \varGamma_\mathrm{m} \mathrm{d}(\mu_0 \Psi) \tag{11.63}$$

式 (11.52) および式 (11.63) の各変数は，以下のように対応している。

$$X_{1m} = V_m \tag{11.64a}$$

$$I_1 = P \tag{11.64b}$$

$$X_{2m} = -\Gamma_m \tag{11.64c}$$

$$I_2 = \mu_0 \Psi \tag{11.64d}$$

式 (11.64a)〜(11.64d) を式 (11.52) に代入すると，次式が導出される。

$$\frac{\mathrm{d}(\mu_0 \Psi)}{\mathrm{d}P} = -\left\{ \frac{V_m^\beta - V_m^\alpha}{(-\Gamma_m^\beta) - (-\Gamma_m^\alpha)} \right\} = \frac{V_m^\beta - V_m^\alpha}{\Gamma_m^\beta - \Gamma_m^\alpha} = \frac{\Delta V_m}{\Delta \Gamma_m} \tag{11.65}$$

式 (11.65) の ΔV_m および $\Delta \Gamma_m$ は，以下のように定義される。

$$\Delta V_m \equiv V_m^\beta - V_m^\alpha \tag{11.66a}$$

$$\Delta \Gamma_m \equiv \Gamma_m^\beta - \Gamma_m^\alpha \tag{11.66b}$$

式 (11.65) は，温度 T が一定の条件における $(\alpha + \beta)$ 二相平衡に対し，磁場 Ψ と圧力 P の関係を表すクラウジウス・クラペイロンの関係式である。

引用・参考文献

1) L.S. Darken and R.W. Gurry：Physical Chemistry of Metals, McGraw-Hill Book, Co., Inc., New York（1953）
2) H.B. Callen：Thermodynamics, John Wiley and Sons, Inc., New York（1960）
3) H.B. Callen：Thermodynamics and an Introduction to Thermostatistics, 2nd ed., John Wiley and Sons, Inc., New York（1985）
4) M. Hillert：Phase Equilibria, Phase Diagrams and Phase Transformations, Cambridge University Press（1998）
5) M. Hillert：Phase Equilibria, Phase Diagrams and Phase Transformations, 2nd ed., Cambridge University Press（2008）
6) R.H. Fowler and E.A. Guggenheim：Statistical Thermodynamics, Cambridge University Press（1939）

　本書は，文献 1) および文献 2) の内容に基づき，熱力学の体系をわかりやすく説明した入門書である。また，文献 3) は，統計力学の基礎を追加した文献 2) の改訂版である。なお，平衡状態図と熱力学の関係をさらに詳しく勉強したい読者には，文献 4) および文献 5) が最適である。一方，文献 6) によると，基本関係式の変数名として，エントロピーを S で表し，内部エネルギーを E で表し，Helmholtz エネルギーを F で表し，エンタルピーを H で表し，Gibbs エネルギーを G で表す表記法が多数派であるとされている。また，文献 6) では，この表記法が用いられている。本書も，文献 6) に倣い，上記の多数派の表記法を採用している。

索　引

──── 著 者 略 歴 ────

1983 年　東京工業大学大学院博士課程修了（金属工学専攻）
　　　　　工学博士
1983 年　東京工業大学工学部，総合理工学研究科および物質理工学院
〜
2020 年　で教育・研究活動に従事
2020 年　東京工業大学名誉教授

相平衡の熱力学 ―熱力学体系の理解のために―
Thermodynamics of Phase Equilibria
―For understanding the thermodynamic system―　　　Ⓒ Masanori Kajihara 2021

2021 年 7 月 2 日　初版第 1 刷発行　　　　　　　　　　　　　　　　　★

検印省略

著　者　梶　原　正　憲
発 行 者　株式会社　　コ ロ ナ 社
　　　　　代 表 者　牛 来 真 也
印 刷 所　新 日 本 印 刷 株 式 会 社
製 本 所　有限会社　　愛 千 製 本 所

112-0011　東京都文京区千石 4-46-10
発 行 所　株式会社　コ ロ ナ 社
CORONA PUBLISHING CO., LTD.
Tokyo Japan
振替00140-8-14844・電話(03)3941-3131(代)
ホームページ　https://www.coronasha.co.jp

ISBN 978-4-339-06656-2　C3043　Printed in Japan　　　　　（金）

機械系 大学講義シリーズ

(各巻A5判，欠番は品切です)

■編集委員長　藤井澄二
■編集委員　臼井英治・大路清嗣・大橋秀雄・岡村弘之
　　　　　　黒崎晏夫・下郷太郎・田島清瀬・得丸英勝

定価は本体価格＋税です。
定価は変更されることがありますのでご了承下さい。

図書目録進呈◆

機械系教科書シリーズ

（各巻A5判，欠番は品切です）

■編集委員長　木本恭司
■幹　　事　　平井三友
■編集委員　青木　繁・阪部俊也・丸茂榮佑

配本順		頁	本体
1.（12回）	機械工学概論　木本恭司 編著	236	2800円
2.（1回）	機械系の電気工学　深野あづさ 著	188	2400円
3.（20回）	機械工作法（増補）　平井三友・和田任弘・塚本晃久 共著	208	2500円
4.（3回）	機械設計法　三田純義・朝比奈奎一・黒田孝春・山口健二 共著	264	3400円
5.（4回）	システム工学　古川正克・荒井誠・吉村・浜井 共著	216	2700円
6.（5回）	材料学　久保井徳洋・樫原恵蔵 共著	218	2600円
7.（6回）	問題解決のための Cプログラミング　佐藤次男・中村理一郎 共著	218	2600円
8.（32回）	計測工学（改訂版）　―新SI対応―　前田良昭・木村一郎・押田至啓 共著	220	2700円
9.（8回）	機械系の工業英語　牧野州秀・生水雅之 共著	210	2500円
10.（10回）	機械系の電子回路　高橋晴雄・阪部俊也 共著	184	2300円
11.（9回）	工業熱力学　丸茂榮佑・木本恭司 共著	254	3000円
12.（11回）	数値計算法　藤井文夫・伊藤惇 共著	170	2200円
13.（13回）	熱エネルギー・環境保全の工学　井田民男・木本恭司・山﨑友紀 共著	240	2900円
15.（15回）	流体の力学　坂本雅彦・坂田光雄 共著	208	2500円
16.（16回）	精密加工学　田口紘一・明石剛二 共著	200	2400円
17.（30回）	工業力学（改訂版）　吉村靖夫・米内山誠 共著	240	2800円
18.（31回）	機械力学（増補）　青木繁 著	204	2400円
19.（29回）	材料力学（改訂版）　中島正貴 著	216	2700円
20.（21回）	熱機関工学　越智敏明・吉田篤・老固本・本部潔隆・国光一也 共著	206	2600円
21.（22回）	自動制御　阪部俊也・飯田賢一 共著	176	2300円
22.（23回）	ロボット工学　早川恭弘・櫟弘明・矢野順彦 共著	208	2600円
23.（24回）	機構学　重松洋一・大高敏男 共著	202	2600円
24.（25回）	流体機械工学　小池勝 著	172	2300円
25.（26回）	伝熱工学　丸茂榮佑・矢尾匡永・牧野州秀 共著	232	3000円
26.（27回）	材料強度学　境田彰芳 編著	200	2600円
27.（28回）	生産工学　―ものづくりマネジメント工学―　本位田光重・皆川健多郎 共著	176	2300円
28.（33回）	CAD／CAM　望月達也 著	224	2900円

定価は本体価格＋税です。
定価は変更されることがありますのでご了承下さい。

図書目録進呈◆